1 Welcher Bruchteil ist rot, welcher Bruchteil ist weiß?

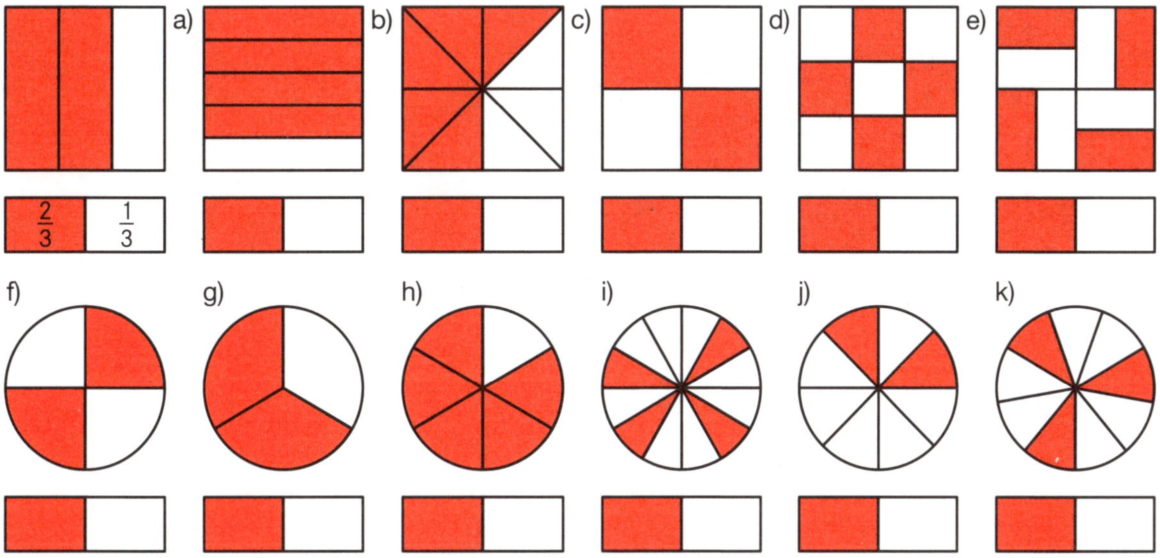

2 Färbe jeweils den angegebenen Bruchteil des Rechtecks.

a) $\frac{1}{2}$ b) $\frac{1}{3}$ c) $\frac{2}{3}$ d) $\frac{1}{6}$ e) $\frac{3}{6}$ f) $\frac{5}{6}$

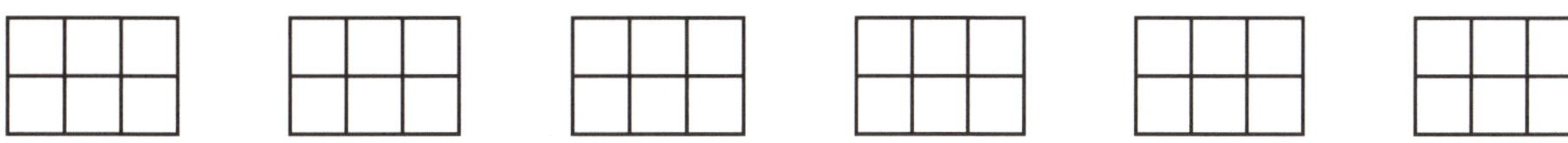

g) $\frac{4}{12}$ h) $\frac{7}{12}$ i) $\frac{1}{6}$ k) $\frac{4}{6}$ l) $\frac{3}{4}$

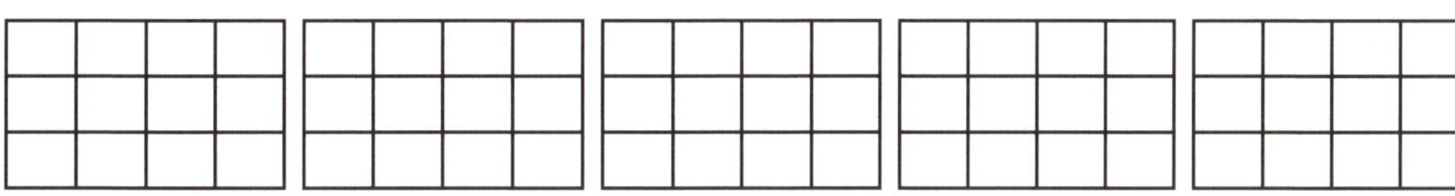

3 Berechne die Bruchteile.

$\frac{3}{4}$ von 48 kg = 36 kg 48 kg $\xrightarrow{:4}$ 12 kg $\xrightarrow{\cdot 3}$ 36 kg

a)
- $\frac{2}{3}$ von 12 kg = ______
- $\frac{3}{4}$ von 36 kg = ______
- $\frac{4}{9}$ von 63 kg = ______
- $\frac{3}{5}$ von 75 kg = ______
- $\frac{6}{7}$ von 77 kg = ______

b)
- $\frac{4}{5}$ von 60 ha = ______
- $\frac{3}{7}$ von 84 a = ______
- $\frac{5}{12}$ von 108 km^2 = ______
- $\frac{7}{8}$ von 96 m^2 = ______
- $\frac{4}{15}$ von 60 ha = ______

c)
- $\frac{2}{5}$ von 135 km = ______
- $\frac{6}{11}$ von 132 m = ______
- $\frac{3}{8}$ von 104 dm = ______
- $\frac{5}{7}$ von 147 cm = ______
- $\frac{5}{6}$ von 114 mm = ______

Brüche erweitern und kürzen

1 a) Zeichne einen Pfeil zu dem erweiterten Bruch. b) Zeichne einen Pfeil zu dem gekürzten Bruch.

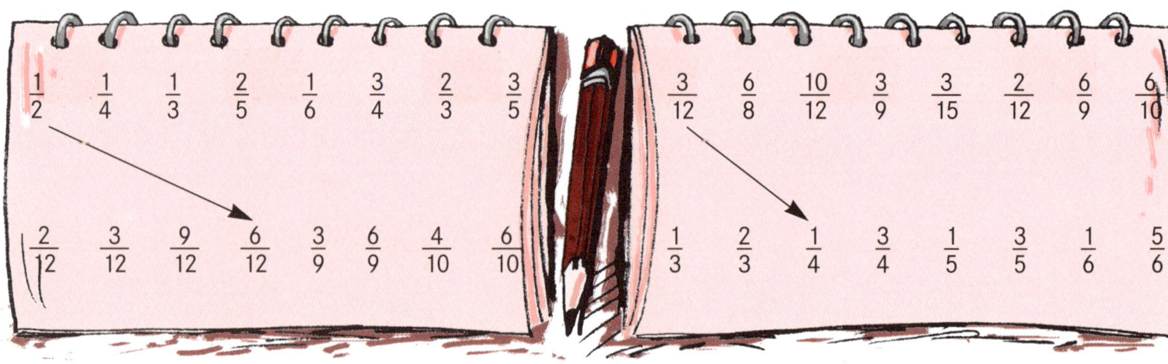

2 a) Erweitere mit 3.

$\frac{1}{2} =$ ______ $\frac{3}{4} =$ ______ $\frac{4}{7} =$ ______

b) Erweitere mit 5.

$\frac{3}{5} =$ ______ $\frac{5}{7} =$ ______ $\frac{7}{8} =$ ______

3 Erweitere auf den angegebenen Nenner.

$\frac{4}{9} = \frac{\quad}{18}$ $\frac{2}{3} = \frac{\quad}{18}$ $\frac{2}{3} = \frac{\quad}{21}$ $\frac{4}{7} = \frac{\quad}{21}$ $\frac{7}{12} = \frac{\quad}{24}$ $\frac{3}{4} = \frac{\quad}{24}$ $\frac{7}{15} = \frac{\quad}{30}$

4 a) Kürze durch 2.

$\frac{6}{12} =$ ______ $\frac{14}{26} =$ ______ $\frac{18}{32} =$ ______

b) Kürze durch 3.

$\frac{6}{9} =$ ______ $\frac{12}{15} =$ ______ $\frac{18}{21} =$ ______

5 Kürze so weit wie möglich.

a) $\frac{18}{24} =$ ______ b) $\frac{40}{60} =$ ______ c) $\frac{30}{45} =$ ______ d) $\frac{56}{16} =$ ______

6 Mache die Brüche gleichnamig und vergleiche.

$\frac{2}{3}$ □ $\frac{3}{4}$ Erweitern $\frac{2}{3} = \frac{8}{12}$; $\frac{3}{4} = \frac{9}{12}$; $\frac{2}{3} < \frac{3}{4}$

$\frac{3}{4}$ □ $\frac{7}{8}$ ______________________

$\frac{5}{6}$ □ $\frac{7}{12}$ ______________________

$\frac{3}{5}$ □ $\frac{1}{4}$ ______________________

$\frac{3}{7}$ □ $\frac{2}{3}$ ______________________

$\frac{7}{18}$ □ $\frac{5}{12}$ ______________________

$\frac{8}{15}$ □ $\frac{7}{9}$ ______________________

Brüche addieren und subtrahieren

1 Berechne und kürze das Ergebnis, falls möglich.

Gleiche Nenner

$\frac{3}{8} + \frac{2}{8} = \frac{5}{8}$ $\frac{7}{9} - \frac{4}{9} = \frac{3}{9} = \frac{1}{3}$

a) $\frac{5}{8} + \frac{1}{8} =$ ______ b) $\frac{4}{9} + \frac{2}{9} =$ ______

c) $\frac{3}{6} + \frac{5}{6} =$ ______ d) $\frac{9}{4} + \frac{5}{4} =$ ______ e) $\frac{3}{10} + \frac{5}{10} =$ ______

f) $\frac{7}{8} - \frac{3}{8} =$ ______ g) $\frac{11}{12} - \frac{7}{12} =$ ______ h) $\frac{12}{15} - \frac{7}{15} =$ ______

2 Berechne und kürze, falls möglich.

Verschiedene Nenner

$\frac{3}{4} + \frac{5}{6} = \frac{9}{12} + \frac{10}{12} = \frac{19}{12} = 1\frac{7}{12}$

a) $\frac{1}{2} + \frac{3}{4} =$ ______ b) $\frac{2}{3} + \frac{5}{6} =$ ______

c) $\frac{1}{4} + \frac{9}{8} =$ ______ d) $\frac{5}{12} - \frac{1}{6} =$ ______

e) $\frac{7}{2} - \frac{9}{4} =$ ______ f) $\frac{13}{5} - \frac{1}{10} =$ ______

3

a)

$\frac{2}{3} + \frac{5}{9} =$ ______

$\frac{19}{24} - \frac{1}{6} =$ ______

$\frac{3}{2} + \frac{7}{6} =$ ______

$\frac{11}{12} - \frac{3}{4} =$ ______

b)

$\frac{8}{9} + \frac{5}{6} =$ ______

$\frac{15}{12} - \frac{5}{8} =$ ______

$\frac{3}{8} + \frac{15}{6} =$ ______

$\frac{21}{20} - \frac{7}{12} =$ ______

c)

$\frac{5}{4} + \frac{3}{7} =$ ______

$\frac{5}{3} - \frac{6}{5} =$ ______

$\frac{9}{5} + \frac{7}{8} =$ ______

$\frac{14}{8} - \frac{2}{3} =$ ______

4 Berechne.

$3\frac{3}{4} + 4\frac{5}{6} = 7\frac{3}{4} + \frac{5}{6} = 7\frac{9}{12} + \frac{10}{12} = 7\frac{19}{12} = 8\frac{7}{12}$

a) $2\frac{5}{6} + 3\frac{1}{2} =$ ______ b) $2\frac{7}{8} + 4\frac{3}{4} =$ ______

c) $6\frac{5}{9} + 7\frac{2}{3} =$ ______ d) $7\frac{5}{6} + 5\frac{3}{8} =$ ______

5 Berechne.

$5\frac{1}{9} - 2\frac{4}{9} = 4\frac{10}{9} - 2\frac{4}{9} = 2\frac{6}{9} = 2\frac{2}{3}$

a) $7\frac{2}{9} - 4\frac{8}{9} =$ ______ b) $9\frac{1}{4} - 3\frac{3}{4} =$ ______

c) $6\frac{2}{7} - 3\frac{4}{7} =$ ______ d) $4\frac{1}{6} - 1\frac{5}{6} =$ ______

Brüche vervielfältigen und teilen

Bruch mal ganze Zahl

$\frac{5}{6} \cdot 4 = \frac{5 \cdot \not{4}^{2}}{\not{6}_{3}} = \frac{10}{3} = 3\frac{1}{3}$

1 Berechne. Kürze, wenn möglich.

a)
$\frac{2}{5} \cdot 3 =$ ______
$\frac{7}{10} \cdot 5 =$ ______
$7 \cdot \frac{3}{8} =$ ______
$4 \cdot \frac{5}{12} =$ ______

b)
$\frac{2}{3} \cdot 9 =$ ______
$\frac{4}{5} \cdot 15 =$ ______
$3 \cdot \frac{8}{9} =$ ______
$5 \cdot \frac{6}{15} =$ ______

c)
$\frac{3}{10} \cdot 15 =$ ______
$\frac{5}{8} \cdot 12 =$ ______
$9 \cdot \frac{1}{6} =$ ______
$14 \cdot \frac{5}{12} =$ ______

Bruch durch ganze Zahl

$\frac{4}{5} : 2 =$ ______ $\frac{4}{5} : 3 =$ ______

$\frac{4}{5} : 2 = \frac{2}{5}$

$\frac{4}{5} = \frac{12}{15}$; $\frac{12}{15} : 3 = \frac{4}{15}$

2

a)
$\frac{2}{3} : 2 =$ ______
$\frac{6}{7} : 3 =$ ______
$\frac{8}{9} : 4 =$ ______
$\frac{14}{15} : 7 =$ ______

b)
$\frac{3}{5} : 4 =$ ______
$\frac{4}{7} : 3 =$ ______
$\frac{5}{8} : 4 =$ ______
$\frac{7}{9} : 5 =$ ______

c)
$\frac{12}{3} : 8 =$ ______
$\frac{21}{7} : 10 =$ ______
$\frac{18}{4} : 2 =$ ______
$\frac{24}{9} : 6 =$ ______

3

a)
$\frac{5}{8}$ kg : 2 = ______
$\frac{9}{10}$ kg : 4 = ______
$\frac{3}{5}$ kg : 6 = ______

b)
$\frac{1}{2}$ h : 2 = ______
$\frac{3}{4}$ h : 5 = ______
$\frac{5}{12}$ h : 10 = ______

c)
$\frac{7}{10}\, l \cdot 15 =$ ______
$\frac{3}{4}\, l \cdot 28 =$ ______
$12 \cdot \frac{2}{3}\, l =$ ______

Brüche multiplizieren und dividieren

1 a) $\frac{5}{4} \cdot \frac{2}{15} =$ ______ b) $\frac{9}{24} \cdot \frac{16}{21} =$ ______

c) $\frac{7}{6} \cdot \frac{9}{10} =$ ______ d) $\frac{14}{9} \cdot \frac{12}{7} =$ ______

e) $\frac{18}{35} \cdot \frac{7}{9} =$ ______ f) $\frac{3}{16} \cdot \frac{4}{21} =$ ______

Brüche multiplizieren

$\frac{4}{9} \cdot \frac{3}{8} = \frac{{}^{1}\not{4} \cdot \not{3}^{1}}{{}_{3}\not{9} \cdot \not{8}_{2}} = \frac{1 \cdot 1}{3 \cdot 2} = \frac{1}{6}$

$\frac{\text{Zähler} \cdot \text{Zähler}}{\text{Nenner} \cdot \text{Nenner}}$

$4 = \frac{4}{1}$

2 a) $\frac{9}{16} \cdot 2 =$ ______ b) $\frac{5}{18} \cdot 4 =$ ______

c) $6 \cdot \frac{3}{8} =$ ______ d) $8 \cdot \frac{5}{6} =$ ______ e) $9 \cdot \frac{7}{15} =$ ______

f) $7 \cdot \frac{16}{35} =$ ______ g) $27 \cdot \frac{2}{9} =$ ______ h) $\frac{13}{14} \cdot 6 =$ ______

3 a) $\frac{2}{3} : \frac{4}{3} =$ ______ b) $\frac{10}{9} : \frac{4}{15} =$ ______

$\frac{21}{8} : \frac{9}{10} =$ ______ $\frac{25}{42} : \frac{5}{18} =$ ______

$\frac{24}{25} : \frac{14}{15} =$ ______ $\frac{33}{4} : \frac{22}{16} =$ ______

Durch einen Bruch dividieren

Kehrbruch

$\frac{3}{4} : \frac{5}{6} = \frac{3}{4} \cdot \frac{6}{5} = \frac{3 \cdot \not{6}^{3}}{{}_{2}\not{4} \cdot 5} = \frac{9}{10}$

Multipliziere mit dem Kehrbruch.

4 a) $\frac{16}{3} : 8 =$ ______ b) $\frac{21}{5} : 12 =$ ______

c) $25 : \frac{5}{4} =$ ______ d) $42 : \frac{2}{3} =$ ______

$8 = \frac{8}{1}$ Kehrbruch: $\frac{1}{8}$

5 Berechne. Kürze, wenn möglich.

$2\frac{1}{12} \cdot 4\frac{1}{5} = \frac{25}{12} \cdot \frac{21}{5} = \frac{{}^{5}\not{25} \cdot \not{21}^{7}}{{}_{4}\not{12} \cdot \not{5}_{1}} = \frac{35}{4} = 8\frac{3}{4}$

a)
$\frac{81}{64} \cdot \frac{16}{27} =$ ______
$\frac{13}{15} \cdot \frac{25}{39} =$ ______
$\frac{75}{52} \cdot \frac{26}{25} =$ ______
$5\frac{5}{6} \cdot 2\frac{6}{7} =$ ______
$4\frac{4}{5} \cdot 3\frac{3}{4} =$ ______

b)
$\frac{32}{3} : \frac{40}{9} =$ ______
$\frac{17}{6} : \frac{34}{24} =$ ______
$\frac{44}{5} : \frac{11}{45} =$ ______
$6\frac{1}{9} : 3\frac{2}{3} =$ ______
$9\frac{1}{5} : 4\frac{2}{11} =$ ______

Mach dich fit!

1 a) Erweitere auf den angegebenen Nenner.

$\frac{5}{6} = \frac{\quad}{24}$ $\frac{2}{9} = \frac{\quad}{45}$ $\frac{2}{3} = \frac{\quad}{18}$ $\frac{23}{15} = \frac{\quad}{90}$

b) Kürze so weit wie möglich.

$\frac{9}{15} =$ ___ $\frac{36}{60} =$ ___ $\frac{64}{28} =$ ___ $\frac{84}{30} =$ ___

2 Berechne.

a) $\frac{4}{5}$ von 65 kg = ________ b) $\frac{5}{6}$ von 1200 km = ________ c) $\frac{3}{8}$ von 320 hl = ________

d) $\frac{7}{12}$ von 24 h = ________ e) $\frac{5}{9}$ von 450 t = ________ f) $\frac{3}{7}$ von 6300 m = ________

3 Berechne.

a) $\frac{11}{4} + \frac{1}{6}$; $\frac{5}{6} + \frac{25}{8}$

b) $\frac{20}{9} - \frac{7}{6}$; $\frac{25}{12} - \frac{15}{16}$

c) $\frac{5}{7} \cdot 28$; $18 \cdot \frac{9}{12}$

d) $\frac{6}{4} : 2$; $3 : \frac{4}{3}$

e) $\frac{4}{3} \cdot \frac{2}{6}$; $\frac{5}{9} \cdot \frac{4}{15}$

f) $\frac{11}{3} : \frac{4}{9}$; $\frac{36}{7} : \frac{24}{25}$

4 Von 225 Milchflaschen hat Hausmeister Möller $\frac{7}{9}$ vormittags verkauft. Wie viele Milchflaschen kann er nachmittags noch verkaufen?

5 Auf die Frage, wie groß seine Kinder sind, antwortet Herr Lang scherzhaft. Ich bin 2,04 m groß, Claudia hat $\frac{3}{4}$ meiner Größe und Carsten $\frac{5}{6}$ meiner Größe. Wie groß sind Claudia und Carsten?

6 

Hassan stellt ein Fruchtsaftgetränk her. Er mischt $\frac{1}{4}$ *l* Himbeersirup mit $\frac{7}{8}$ *l* Mineralwasser. Wie viel *l* Himbeersaft erhält er?

____

7 Nadja fährt mit dem Bus zur Schule. Sie hat $\frac{1}{2}$ km bis zur Bushaltestelle zu gehen. Mit dem Bus fährt sie $8\frac{2}{3}$ km. Dann muss sie noch $\frac{3}{5}$ km bis zur Schule gehen.

a) Wie viel km geht Nadja zu Fuß?

____

____

b) Wie viel km beträgt der gesamte Schulweg?

____

____

Brüche und Dezimalbrüche

1 Belade die Lkws mit wertgleichen Brüchen.

2 Schreibe als Dezimalbruch.

a) $\frac{9}{10}$ = ______ $\frac{73}{10}$ = ______ $5\frac{3}{10}$ = ______ $\frac{927}{10}$ = ______ $\frac{7}{100}$ = ______ $\frac{87}{100}$ = ______

b) $\frac{169}{100}$ = ______ $2\frac{37}{100}$ = ______ $\frac{9}{1000}$ = ______ $\frac{471}{1000}$ = ______ $\frac{8327}{1000}$ = ______ $13\frac{37}{1000}$ = ______

3 Erweitere auf einen Nenner mit 10, 100, 1000 und schreibe als Dezimalbruch.

$\frac{5}{8} = \frac{625}{1000} = 0{,}625$

a) $\frac{4}{5}$ = ______ $\frac{7}{20}$ = ______ $\frac{13}{20}$ = ______ $\frac{43}{25}$ = ______

b) $\frac{17}{50}$ = ______ $\frac{3}{8}$ = ______ $\frac{151}{200}$ = ______ $\frac{12}{500}$ = ______

4 Schreibe die Größen in der jeweils angegebenen Einheit.

a) 3 m 5 cm = ______ m 8 m 7 dm 9 cm = ______ m 48 cm 9 mm = ______ dm

b) 0,875 km = ______ m 15 km 80 m = ______ km 37 670 m = ______ km

c) 2 m^2 4 dm^2 = ______ m^2 79 dm^2 3 cm^2 = ______ m^2 33 cm^2 45 mm^2 = ______ cm^2

d) 7862 *l* = ______ hl 21 hl 15 *l* = ______ hl 12 hl 3 *l* = ______ hl

e) 57 850 kg = ______ t 6 t 55 kg = ______ kg 4 t 9 kg = ______ t

Dezimalbrüche addieren und subtrahieren

1

a)	b)	c)	d)
0,2 + 1,3 = ____	8 – 5,6 = ____	8,75 + 0,06 = ____	7,79 – 6,7 = ____
3,5 + 0,4 = ____	9 – 7,3 = ____	3,02 + 5,83 = ____	6,95 – 4,5 = ____
8,3 + 2,6 = ____	6 – 2,7 = ____	2,13 + 4,75 = ____	9,89 – 8,78 = ____

2

a)
```
   6071,561
+    70,09
+   356,2
```

b)
```
   736,18
+   87
+  803,09
```

c)
```
   73,456
+   8,2
+  57,93
```

3

a)
```
   77,05
 –  6,095
```

b)
```
   903,7
 – 789,075
```

c)
```
   34,368
 –  9,97
```

d)
```
   9765
 – 298,278
```

4 Schreibe richtig untereinander und rechne.

a) 0,45 + 18 + 89,125 b) 86,49 + 5 + 0,945 c) 12,9 – 6,875 d) 96,567 – 6,89

5 Auf Emines, Heikes und Svens Kassenzettel fielen Regentropfen. Ergänze.

Säfte	■,99 €
Gemüse	6,■3 €
Eier	1,1■ €
Summe	11,59 €
Bar	20,00 €
Rückgeld	■■■■ €

Brot	1,85 €
Wurst	7,■4 €
Käse	■,79 €
Summe	17,8■ €
Bar	■■■■ €
Rückgeld	32,12 €

Kalbfleisch	1■,99 €
Kaffee	5,8■ €
Nudeln	3,51 €
Summe	■3,■2 €
Bar	25,00 €
Rückgeld	■■■■ €

Dezimalbrüche multiplizieren

1

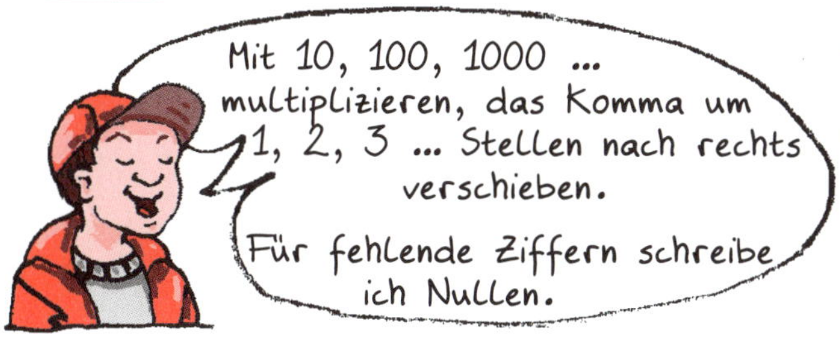

a) 0,35 · 10 = ______
0,75 · 100 = ______
0,003 · 100 = ______
100 · 9,4 = ______

b) 6,17 · 10 = ______
5,4 · 1000 = ______
3,08 · 1000 = ______
1000 · 0,209 = ______

2 Rechne im Kopf.

a) 1,2 · 20 = _____ 2,8 · 50 = _____ 0,25 · 30 = _____ 0,07 · 90 = _____ 0,12 · 40 = _____

b) 200 · 0,75 = _____ 500 · 0,41 = _____ 400 · 0,025 = _____ 800 · 0,007 = _____

3 Rechne im Kopf. 0,4 · 0,3 = ☐ 4 · 3 = 12 2 Stellen: 0,4 · 0,3 = 0,12

Das Ergebnis hat so viele Stellen wie beide Zahlen zusammen.

a) 0,7 · 0,4 = _____ b) 0,09 · 0,2 = _____ c) 1,3 · 0,6 = _____

0,9 · 0,8 = _____ 0,3 · 0,05 = _____ 0,08 · 1,5 = _____

4 Berechne. Achte auf die Anzahl der Stellen im Ergebnis.

a) 9 1 · 0, 3 4 b) 6 4, 2 · 0, 4 5 c) 1 5, 1 7 · 3, 6 8

5 Wie lang und wie schwer sind die Rollen?

Wert	Dicke in mm	Gewicht in g
1 Cent	1,67	2,30
2 Cent	1,67	3,06
5 Cent	1,67	3,92
10 Cent	1,93	4,10
20 Cent	2,14	5,74
50 Cent	2,38	7,80
1 €	2,33	7,50
2 €	2,20	8,50

6 a) Carsten hat in seiner Geldbörse sieben 1-Cent-Münzen, drei 50-Cent-Münzen und zwei 1-€-Münzen. Die leere Geldbörse wiegt 53 g. Wie viel Geld hat Carsten? Wie schwer ist die Geldbörse mit den Münzen?

b) In Jennys Geldbörse sind sechs 2-Cent-Münzen, neun 10-Cent-Münzen und vier 2-€-Münzen. Die leere Geldbörse wiegt 92 g. Wie viel Geld hat Jenny? Wie schwer ist die Geldbörse mit den Münzen?

Dezimalbrüche dividieren

1

a) 0,8 : 10 = ______
27,7 : 10 = ______
23,9 : 100 = ______

b) 0,44 : 100 = ______
51,3 : 1000 = ______
0,17 : 1000 = ______

2 Rechne im Kopf. 3,68 : 0,4 = 36,8 : 4 = 9,2

a) 45 : 0,5 = ______
0,16 : 0,8 = ______
3,25 : 0,5 = ______
3,06 : 6 = ______

b) 7,2 : 0,09 = ______
6,7 : 0,02 = ______
4,2 : 0,07 = ______
10,8 : 0,12 = ______

3 Berechne. Achte auf das Komma.

a) 0, 8 4 : 0, 1 4 = b) 6, 3 : 3, 7 5 = c) 9, 4 5 : 1, 8 =

4 Nägel und Schrauben werden in größeren Mengen nicht nach Stückzahl, sondern nach Gewicht verkauft. Wie viel Stück sind jeweils in einer Packung? Runde sinnvoll.

4,3 g je Nagel 3,8 g je Drahtstift 1,9 g je Stahlstift 6,2 g je Schraube 5,4 g je Schraube

5 Eine Getränkefabrik füllt den Auftrag eines Getränkegroßhandels ab.

MACH DICH FIT!

1 Schreibe richtig untereinander und rechne.

a) 45,975 + 6,39 b) 0,085 + 1,07 c) 8,37 – 6,485 d) 7 – 5,326

2 Berechne.

a) 15,21 · 28
25 · 8,15

b) 7,05 · 2,9
4,8 · 3,25

c) 133 : 0,19
126 : 1,8

d) 39,6 : 8,25
24,7 : 0,95

e) 20,52 : 3,6
0,774 : 0,072

3

Frau Dehn kauft das Kleid, die Schuhe, den Schlapphut und die Handtasche. An der Kasse bekommt sie 2,27 € zurück. Schreibe den Kassenzettel für Frau Dehn.

Sommerkleid	________
Schlapphut	________
Handtasche	________
Damenschuhe	________
Summe	________
Bar	________
Rückgeld	________

4 Wie viel muss jeder an der Kasse bezahlen? Runde sinnvoll.

a) Herr Hansen kauft 1,75 kg Tomaten, 750 g Schweinefilet, 350 g Käse und 4 Flaschen Traubensaft.
b) Frau Dirik kauft 625 g Käse, 2,3 kg Äpfel, 3 Flaschen Traubensaft, 1,5 kg Schweinefilet und 2 kg Tomaten.
c) Herr Bratcyk kauft 285 g Käse, 250 g Filet, 550 g Tomaten und 9 Flaschen Traubensaft.

5 Berechne. Runde sinnvoll.

a) 500 Klebe-Etiketten kosten 10,50 €. Wie viel kostet ein Etikett?

b) 35 Bögen Zeichenkarton sind 2,9 cm dick. Wie dick ist ein Bogen?

Zuordnungen

1 Die Deutsche Bahn AG benutzt in ihrem Fahrbetrieb auch grafische Zugfahrpläne.

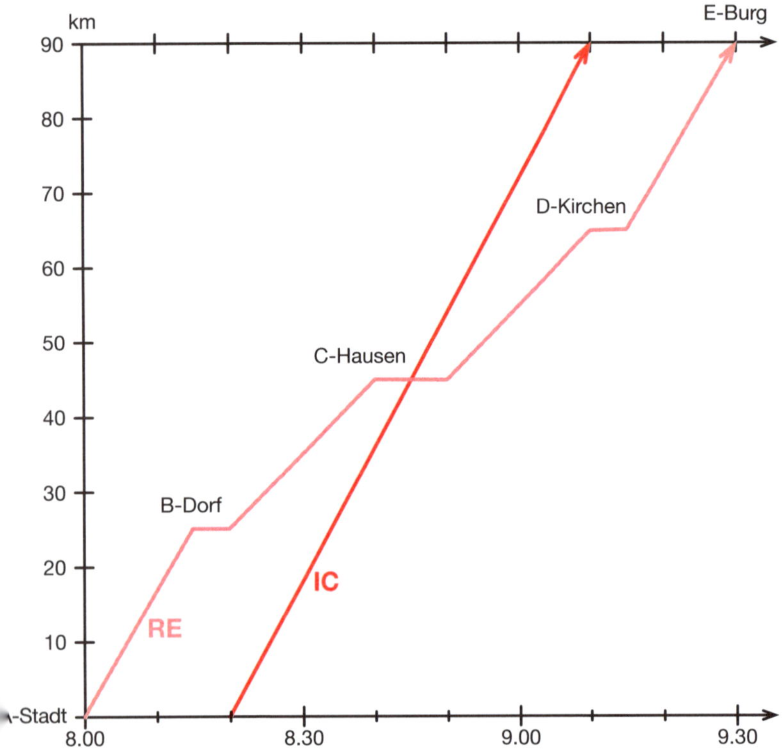

a) Wie oft hält der RE? ________________

b) Wann kommt der RE in B-Dorf an? Wann fährt er weiter?

____

c) Wie weit sind B-Dorf und D-Kirchen voneinander entfernt?

____

d) Wann fährt der IC in A-Stadt ab? Wie lange ist er bis E-Burg unterwegs?

____

e) Wann erreicht der RE C-Hausen? ______

f) Wann fährt der RE in D-Kirchen ab? ______

g) Wann und in welcher Entfernung von A-Stadt überholt der IC den RE? __________ Uhr

__________ km

2 Björn liegt mit Grippe im Bett und misst regelmäßig Fieber.
Ergänze die fehlenden Werte in der Tabelle und vervollständige die Schaubilder.

12. Februar

8.00	37,6 °C

13. Februar

8.00	38,7 °C
12.00	39,4 °C
16.00	40,1 °C
20.00	38,2 °C

14. Februar

8.00	39,1 °C
12.00	39,6 °C
16.00	38,2 °C
20.00	38,7 °C

15. Februar

8.00	37,4 °C
12.00	38,6 °C
16.00	37,2 °C
20.00	36,4 °C

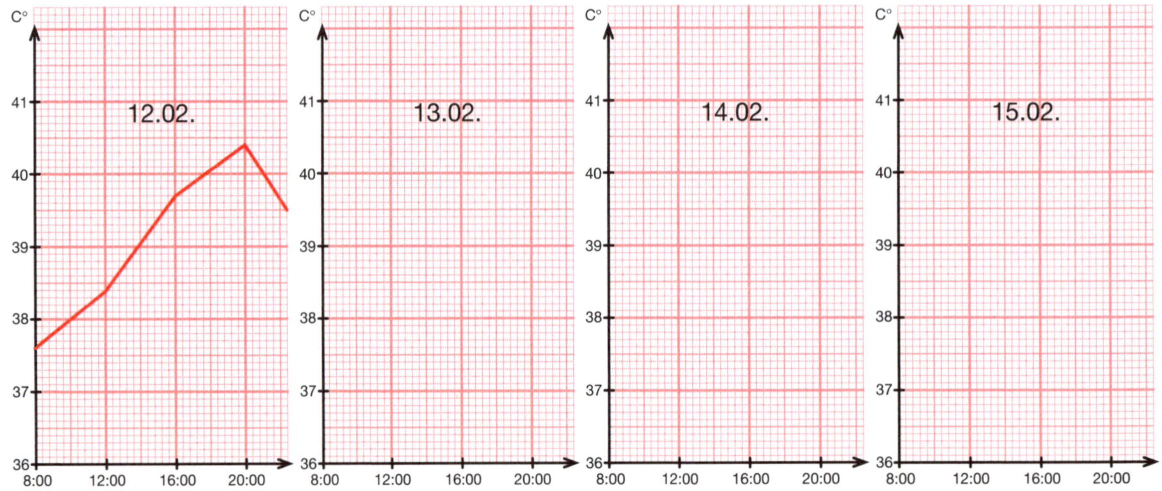

Proportionale Zuordnungen

1 Der Hausmeister Herr Jakobi hat sich für die verschiedenen Waren Tabellen angelegt und auf den Verkaufstisch geklebt. Ergänze die Tabellen.

Brötchen

Anzahl	Preis (€)
1	
2	
3	
4	
5	
6	
7	
8	

Wurstbrötchen

Anzahl	Preis (€)
1	
2	
3	
4	
5	
6	
7	
8	

Orangensaft

Anzahl	Preis (€)
1	
2	
3	
4	
5	
6	
7	
8	

Milchflaschen

Anzahl	Preis (€)
1	
2	
3	
4	
5	
6	
7	
8	

2 Um unnötige Wartezeiten beim Pauseneinkauf zu vermeiden, geben die Klassen Sammelbestellungen ab.

Pauseneinkauf der 7a

Anzahl	Preis (€)
10 Brötchen	
5 Orangensaft	
8 Milchflaschen	
7 Wurstbrötchen	
Summe:	

Pauseneinkauf der 7b

Anzahl	Preis (€)
6 Wurstbrötchen	
7 Milchflaschen	
3 Orangensaft	
6 Brötchen	
Summe:	

Pauseneinkauf der 7c

Anzahl	Preis (€)
4 Orangensaft	
3 Wurstbrötchen	
5 Brötchen	
6 Milchflaschen	
Summe:	

3 Ergänze die Tabellen.

Brezel	Preis (€)
2	
4	1,60
8	

Äpfel	Preis (€)
3	
6	2,40
12	

Pudding	Preis (€)
2	
6	3,60
18	

Jogurt	Preis (€)
	0,50
3	1,50
	4,50

Baguette	Preis (€)
	0,80
8	3,20
	12,80

Orangen	Preis (€)
	1,50
12	6,00
	30,00

1

Wie viel € kosten 3 Eiskugeln?

(: 4) 4 Kugeln kosten ______ (: 4)

1 Kugel kostet ______

(· 3) 3 Kugeln kosten ______ (· 3)

2 Berechne die fehlenden Werte.

a)

Stück	Preis (€)
2	1,80
1	
3	

b)

Stück	Preis (€)
6	4,50
13	

c)

Stück	Preis (€)
9	36,00
6	

d)

Gewicht (g)	Preis (€)
500	2,50
	3

e)

Gewicht (g)	Preis (€)
450	9,00
	2,50

f)

Gewicht (g)	Preis (€)
720	1,20
	4,00

g)

Länge (m)	Preis (€)
5	10,50
1	
9	

h)

Länge (m)	Preis (€)
3	36,00
7	

i)

Länge (m)	Preis (€)
2	
1	
5	120,00

3 Ein undichter Wasserhahn verliert in 12 Stunden 3,6 Liter Wasser. Wie viel Liter Wasser verliert er in 5 Stunden (7 Stunden; 15 Stunden)?

Zeit (h)	12	1			
Wasser (*l*)	3,6				

4 Vier Meter Sockelleiste kosten 18 €. Wie viel € kosten 3 m (2,5 m; 15 m)?

Länge (m)	4	1			
Preis (€)	18				

5 Ein Arbeiter verdient in 6 Stunden 51 €. Wie viel verdient er in 2 Stunden (9 Stunden; in einer 37,5-Stunden-Woche)?

Zeit (h)	6	2	1		
Lohn (€)	51				

6 Für sechs Filzstifte muss Lisa im Schreibwarengeschäft 2,40 € bezahlen. Tim möchte einen Filzstift kaufen, Nils drei Stifte und Sarah neun. Berechne die fehlenden Preise.

	Lisa	Tim	Nils	Sarah
Anzahl	6	1	3	
Preis (€)	2,40			

Umgekehrt proportionale Zuordnungen

1 Ein Lkw kann den Erdaushub einer Baustelle in 12 Tagen abfahren. Nach wie viel Tagen ist der Erdaushub abgefahren, wenn 2 Lkw (3; 4; 6; 12 Lkw) eingesetzt werden? Vervollständige die zeichnerische Lösung.

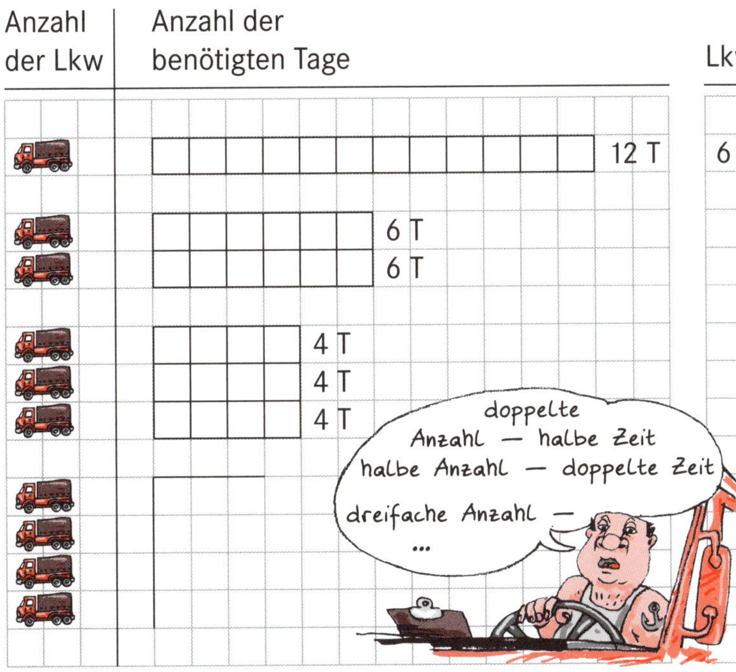

Lkw	Tage
6	

Lkw	Tage
12	

2 Ergänze die Tabellen.

a)

Anzahl	Tage
1	16
2	
4	
8	
16	

b)

Anzahl	Tage
1	18
2	
3	
6	
9	

c)

Anzahl	Tage
1	40
2	
4	
5	
8	

d)

Anzahl	Tage
1	48
2	
3	
4	
6	

3 Ein Rechteck hat einen Flächeninhalt von 24 cm^2. Welche Maße kann es annehmen? Ergänze die Tabelle.

Länge (cm)	24	12	8	6	4	2	1
Breite (cm)	1						

4 Eine bestimmte Menge Tee wird in verschiedene Verpackungen abgefüllt. Berechne die fehlenden Werte.

Gewicht einer Verpackung (g)	50	25		100		250	125
Anzahl der Verpackungen	900		300		90		

5 Joel möchte einige Songs von CD auf Kassette überspielen. Auf einer Seite kann er 15 Titel von je vier Minuten Länge aufnehmen. Wie viele Musiktitel von je zehn Minuten Länge kann er auf der Rückseite aufnehmen? ____________________

____

1

Wie lange reicht das Futter für 9 Pferde?

	Für 6 Pferde reicht das Futter ______	
: 6		· 6
	Für 1 Pferd reicht das Futter ______	
· 9		: 9
	Für 9 Pferde reicht das Futter ______	

2 Berechne die fehlenden Werte.

a)

Anzahl der Bagger	Zeit (Tage)
2	60
1	
5	

b)

Anzahl der Teilnehmer	Kosten je Teilnehmer (€)
36	15
20	

c)

Verbrauch pro Tag (€)	Anzahl der Urlaubstage
120	12
90	

d)

Anzahl der Tiere	Futtervorrat (Tage)
18	72
	1
	54

e)

Länge eines Rechtecks (m)	Breite eines Rechtecks (m)
100	15
	25

f)

Heizölverbrauch (*l*)	Anzahl der Heiztage
45	80
	60

g)

Anzahl der Teilnehmer	Kosten je Teilnehmer (€)
7	56
	49

h)

Länge eines Rechtecks (m)	Breite eines Rechtecks (m)
42	36
28	

i)

Gewicht (g)	Anzahl der Verpackung
60	12
1	
36	

3 Von einer Rolle Klebeband werden 90 Streifen von je 8 cm Länge abgeschnitten. Wie viele Streifen kann man von der Rolle abschneiden, wenn ein Streifen 5 cm (6 cm; 9 cm; 10 cm; 15 cm) lang ist?

Länge der Streifen (cm)	8	1					
Anzahl der Streifen	90						

4 3 Pumpen füllen ein Wasserbecken in 180 Minuten.

a) Es werden 2 Pumpen (8 Pumpen) eingesetzt.

Pumpen	3				
Zeit (min)	180				

b) Das Becken ist nach 135 min (54 min) gefüllt.

Zeit (min)	180				
Pumpen	3				

Mach dich fit!

1 Bei der letzten Geschäftsreise verbrauchte Herr Bayer mit seinem Pkw auf 400 km 32 Liter Benzin. Wie viel Liter Benzin verbraucht der Pkw auf einer Strecke von 100 km (800 km; 600 km; 250 km; 50 km)? Wie weit kann Herr Bayer mit 56 Liter Benzin (28 Liter; 24 Liter; 12 Liter; 40 Liter) fahren?

Strecke (km)	400										
Verbrauch (*l*)	32										

2 Vervollständige die Tabellen.

a)

Gewicht (kg)	Preis (€)
2	9,50
4	
12	
16	

b)

Arbeitszeit (h)	Verdienst (€)
40	360
	180
	90
	45

c)

Stück	Preis (€)
18	48
3	
	24
54	

d)

Länge (m)	Preis (€)
	15
72	45
	30
36	

3 Berechne die fehlenden Werte.

a)

Anzahl	Preis (€)
6	18,60
7	

b)

Stück	Gewicht (kg)
5	10,20
9	

c)

Zeit (h)	Strecke (km)
4	340
3	

4 Für sechs Buntstifte muss Lena 2,40 € bezahlen. Daniel möchte drei Buntstifte kaufen, Tanja zwei, Torsten 9 und Irina 12.

Anzahl der Buntstifte	Preis (€)

5 24 Dosen Limonade kosten 9,60 €. Cem kauft 6 Dosen, Eric 8. Jörg bezahlt 4,80 €, Frau Weyers 14,40 €.

Anzahl der Limonadedosen	Preis (€)

6 1 kg Rindergulasch kostet 12,50 €. Frau Gül kauft 1,5 kg, Herr Brey 2,5 kg. Frau Breyer bezahlt 6,25 €, Herr Maas 2,50 €.

Gewicht (kg)	Preis (€)

7 Eine Busreise kostet für eine Gruppe von 40 Personen 56 € pro Person. Fünf Personen fallen am Abreisetag wegen Krankheit aus. Wie viel Euro muss nun jeder Teilnehmer zahlen? ______________________

Prozentbegriff

1 Färbe die Anteile rot.

a) 17 von 100

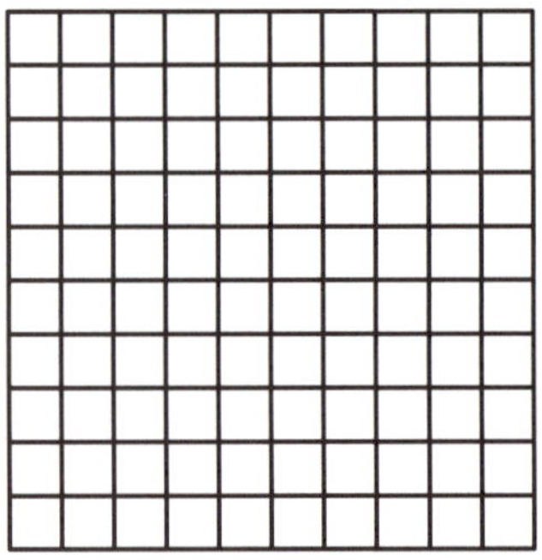

b) 39 von 100

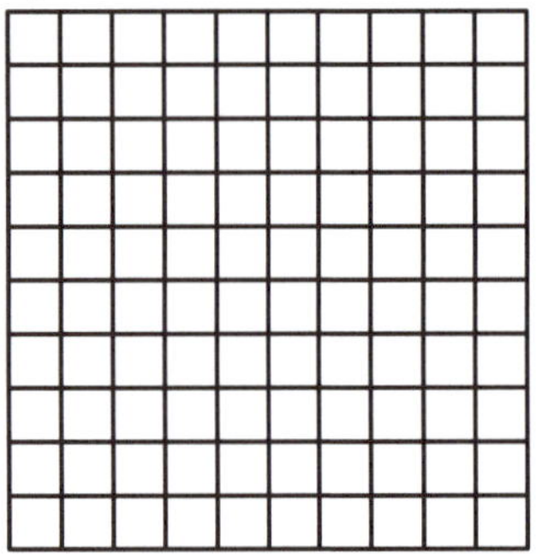

c) 65 von 100

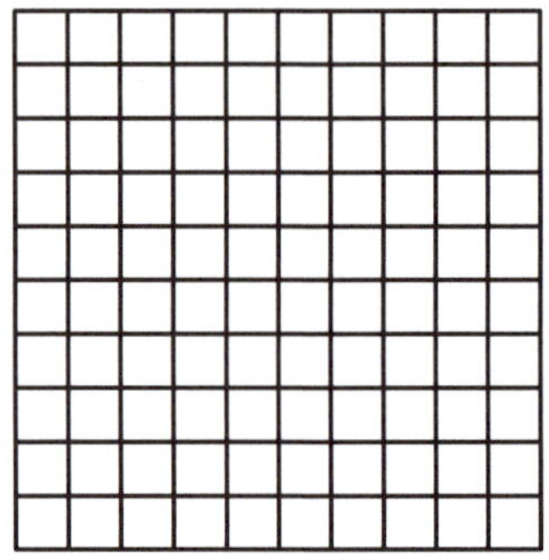

d) 91 von 100

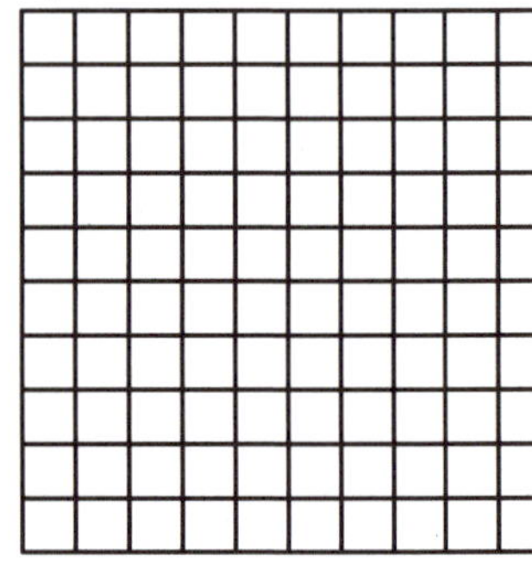

e) 18 %

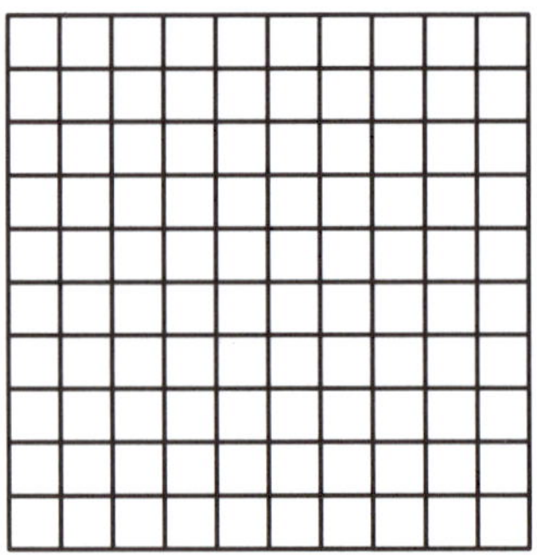

f) 45 %

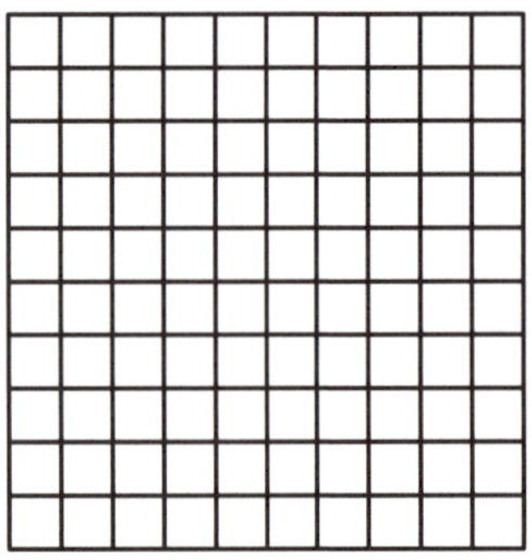

g) 53 %

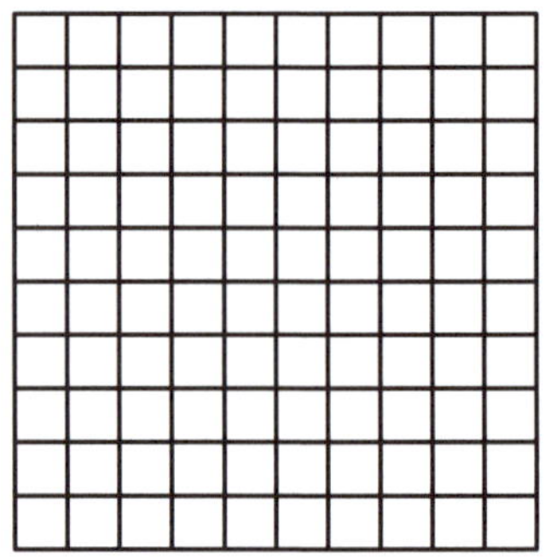

h) 74 %

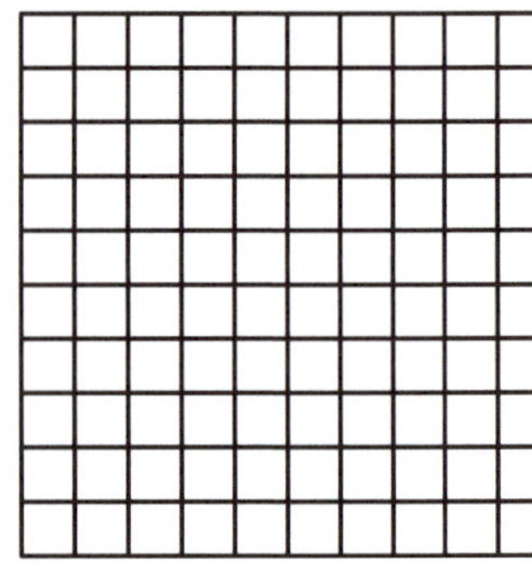

2 Gib den Anteil der roten Flächen an. Schreibe als Bruch, Hundertstelbruch und als Prozent.

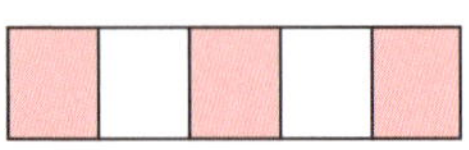

$\frac{3}{5} = \frac{60}{100} = 60\,\%$

a) 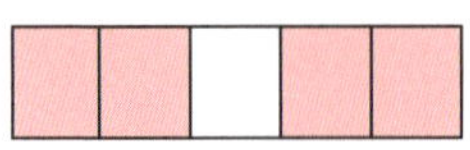

____

b) 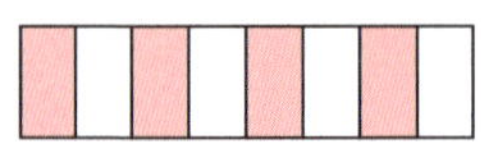

____

c) 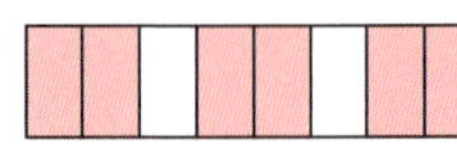

____

d) 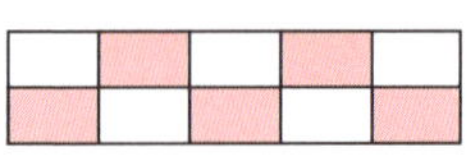

____

e) 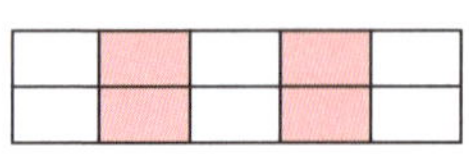

____

f) 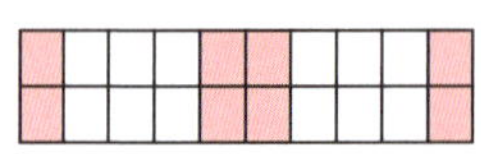

____

g) 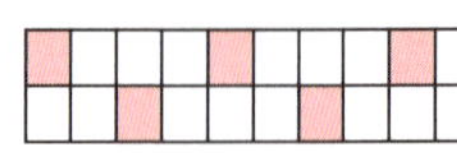

____

3 Wer spart den größten Anteil? ______________________

	monatliches Taschengeld	monatlicher Sparbetrag	Anteil	Bruch	Hundertstelbruch	Prozent
Sven	25 €	10 €	10 € von 25 €	$\frac{10}{25}$	$\frac{40}{100}$	40 %
Heike	16 €	4 €				
Tina	15 €	3 €				
Dennis	20 €	9 €				
Katja	10 €	3,5 €				

Prozentbegriff

1 Schreibe als Prozent. $\frac{3}{4} = \frac{75}{100} = 75\,\%$

a) $\frac{7}{10} =$ ______

$\frac{17}{20} =$ ______

$\frac{13}{50} =$ ______

b) $\frac{56}{200} =$ ______

$\frac{63}{300} =$ ______

$\frac{42}{700} =$ ______

c) $\frac{3}{2} =$ ______

$\frac{13}{5} =$ ______

$\frac{37}{25} =$ ______

2 Verwandle die Prozentangaben in Brüche. $80\,\% = \frac{80}{100} = \frac{8}{10} = \frac{4}{5}$

a) 75 % = ______ b) 65 % = ______ c) 54 % = ______

25 % = ______ 12 % = ______ 72 % = ______

150 % = ______ 144 % = ______ 225 % = ______

3 Färbe die angegebenen Teile.

a) 25 % b) 50 % c) 60 %

d) 75 % e) 20 % f) 30 %

g) 45 % h) 85 % i) 35 %

4 Schreibe zuerst als Hundertstel, dann als Dezimalbruch. $35\,\% = \frac{35}{100} = 0{,}35$

a) 15 % = ______

48 % = ______

93 % = ______

b) 5 % = ______

8 % = ______

2 % = ______

c) 142 % = ______

375 % = ______

205 % = ______

Prozentwert

1

Oliver kauft den Roller. Wie viel € spart er?

Lösen mit dem Dreisatz

	1 0 0 % ≙ 1 3 5 €	
: 1 0 0	1 % ≙	: 1 0 0
· 1 5	1 5 % ≙	· 1 5

Lösen mit dem Operator

1 3 5 € $\xrightarrow{\cdot \frac{15}{100}}$ ☐

Rechnung:

$135 \cdot \frac{15}{100} =$

2 Berechne den Prozentwert.

a) 8 % von 370 kg

b) 37 % von 600 m²

c) 64 % von 18,4 hl

d) 17 % von 280 km

e) 59 % von 650 m

f) 28 % von 57 €

3 Fülle die Tabelle aus. Rechne im Kopf.

	a)	b)	c)	d)	e)	f)	g)	h)	i)	k)
Grundwert	175 €	220 a	120 g	380 t	800 m	150 hl	250 m²	200 kg	500 *l*	20 ha
Prozentsatz	10%	60%	25%	50%	75%	5%	12%	36%	65%	85%
Prozentwert										

1

Wie viel € kostete der Diskman vor dem Ausverkauf?

Lösen mit dem Dreisatz

	60 % ≙ 54 €	
: 60		: 60
	1 % ≙	
· 100		· 100
	100 % ≙	

Lösen mit dem Operator

☐ $\xrightarrow{\cdot \frac{60}{100}}$ 54 ; 54 $\xrightarrow{\cdot \frac{100}{60}}$ ☐

Rechnung:

$54 \cdot \frac{100}{60} =$

2 Berechne den Grundwert.

a) 35 % ≙ 385 €

b) 22 % ≙ 50,6 €

c) 64 % ≙ 35,2 €

d) 7 % ≙ 1,75 €

3 Bestimme den Grundwert im Kopf.

a) 10 % ≙ 0,75 kg 100 % ≙ ____________
20 % ≙ 10 kg 100 % ≙ ____________
50 % ≙ 28,4 kg 100 % ≙ ____________

b) 25 % ≙ 6,5 hl 100 % ≙ ____________
75 % ≙ 63 hl 100 % ≙ ____________
40 % ≙ 8 hl 100 % ≙ ____________

4 Ergänze die Figuren auf 100 %.

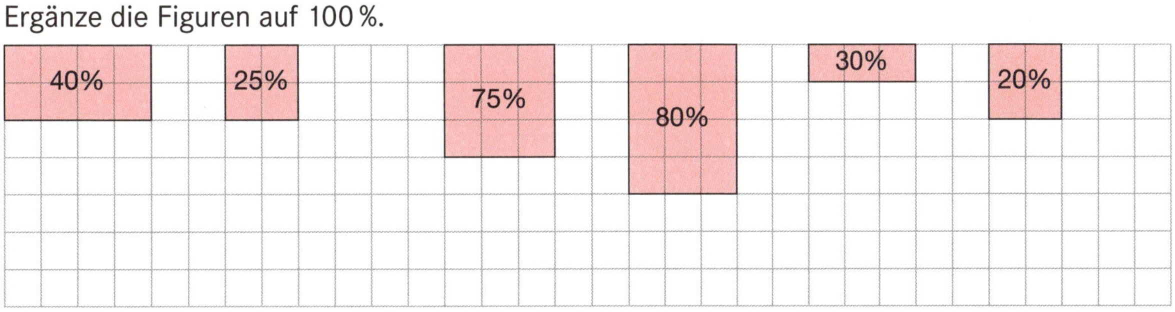

Prozentsatz

1

Wie viele Schüler sind erkrankt?

Lösen mit dem Dreisatz

: 28	28 Sch. ≙ 100 %	: 28
	1 Sch. ≙	
· 7	7 Sch. ≙	· 7

Lösen mit dem Operator

28 Sch. $\xrightarrow{\cdot \frac{p}{100}}$ 7 Sch.

Rechnung: $\frac{p}{100} = \frac{7}{28}$

7 : 28 = 0, $= \frac{\quad}{100} =$ %

2 Berechne den Prozentsatz.

a) 24 € von 60 €

b) 18 ha von 90 ha

c) 90 km von 600 km

d) 30 kg von 750 kg

e) 32 m^2 von 80 m^2

f) 27 € von 90 €

3 Fülle die Tabelle aus. Rechne im Kopf.

	a)	b)	c)	d)	e)	f)	g)	h)	i)	k)
Grundwert	60 m	120 €	900 kg	360 m^3	444 hl	120 km	560 ha	350 cm	150 €	160 *l*
Prozentwert	30 m	30 €	45 kg	90 m^3	111 hl	40 km	280 ha	70 cm	60 €	120 *l*
Prozentsatz										

Sachaufgaben

1 Ordne die Angaben in die Tabelle ein und bestimme die fehlenden Werte.

a) Von 200 Apfelsinen waren 8 faul.
b) Steven bekommt 25 € Taschengeld. Davon spart er 5 €.
c) In Sandras Klasse haben 25 % das Freischwimmerzeugnis. Das sind 7 Schülerinnen.
d) In der Grundschule kommen 10 % der Schüler mit dem Fahrrad zur Schule. Das sind 19 Schüler.
e) In der Hauptschule benutzen 20 % der 350 Schüler das Fahrrad.
f) Von den 24 Schülern der Klasse 7b besuchen 6 Schüler die AG Schach.
g) Für eine Lotterie werden 600 Lose bereitgestellt. Davon sind 30 % Nieten.

	a)	b)	c)	d)	e)	f)	g)
Grundwert	200						
Prozentsatz	4 %						
Prozentwert	8						

2 a) Das Hotel Alpenblick hat 150 Betten. In einer Woche war es nur zu 40 % belegt. Wie viele Betten waren belegt?

Gegeben: ______________________

Gesucht: ______________________

b) Beim letzten Heimspiel wurden 41 100 Zuschauer gezählt. Damit war das Stadion zu 60 % besetzt.
Wie viele Plätze hat das Stadion?

Gegeben: ______________________

Gesucht: ______________________

c) Bei einer Verkehrskontrolle wurden 500 Fahrzeuge überprüft. An 45 Fahrzeugen wurden erhebliche Mängel festgestellt. Gib den Prozentsatz an.

Gegeben: ______________________

Gesucht: ______________________

d) Eine Hausratversicherung übernimmt 65 % eines Wasserschadens. Sie zahlt 2600 € aus.
Wie hoch war der Wasserschaden?

Gegeben: ______________________

Gesucht: ______________________

MACH DICH FIT!

1 Fülle die Tabelle aus.

	a)	b)	c)	d)	e)	f)	g)	h)	i)
Bruch	$\frac{35}{50}$			$\frac{4}{5}$			$\frac{14}{25}$		
Hundertstel			$\frac{340}{100}$					$\frac{45}{100}$	
Dezimalbruch		0,64							0,04
Prozent					32 %	175 %			

2 Schreibe als Bruch, Dezimalbruch und in Prozent.

a) 8 € von 32 € = ____________________ b) 26 kg von 50 kg = ____________________

c) 75 hl von 125 hl = ____________________ d) 24 m von 60 m = ____________________

3 Berechne die fehlenden Werte.

	a)	b)	c)	d)	e)	f)	g)	h)	i)
Grundwert	150 kg		88 €	500 hl		10 000 m^3	950 €		350 kg
Prozentsatz	12 %	15 %		35 %	95 %		40 %	75 %	
Prozentwert		90 m	22 €		380 m^2	725 m^3		3,6 ha	70 kg

4 Von 400 Schülern einer Hauptschule sollen Sportgruppen gebildet werden.

gewählte Sportart						
Anteil in Prozent	22 %		18 %		20 %	
Anzahl der Schüler		60		48		

5 Aus Rechtecken werden Werkstücke gestanzt. Berechne den Verschnitt in Prozent.

a)
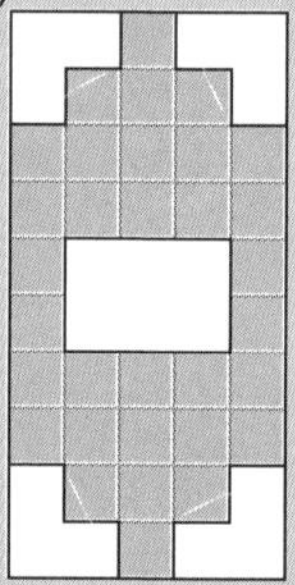

b)
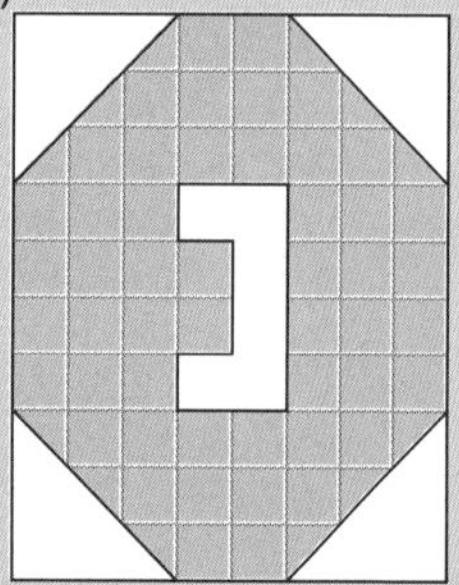

c)
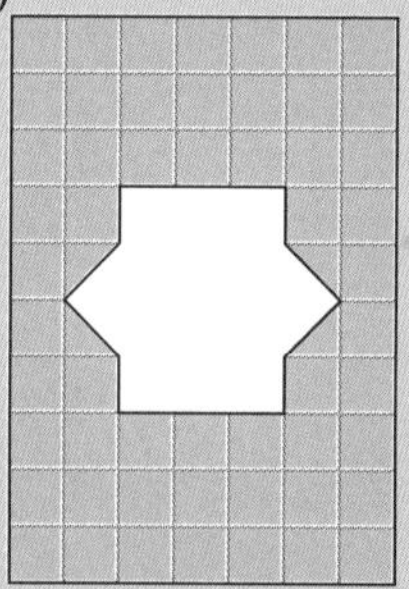

d)

e)

____

____

Muster

1 Setze die Muster fort. Färbe sie nach Belieben.

a)

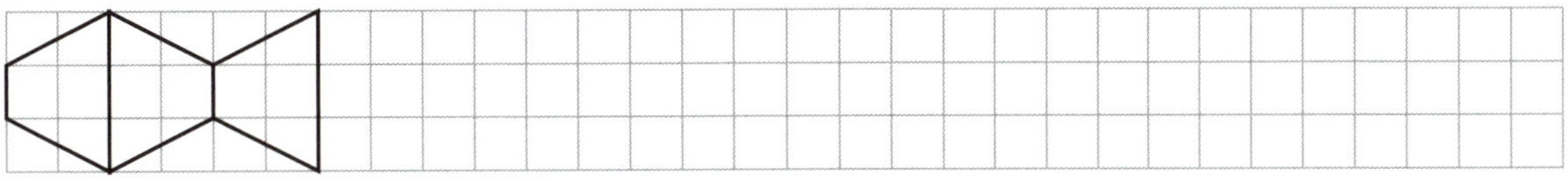

b)

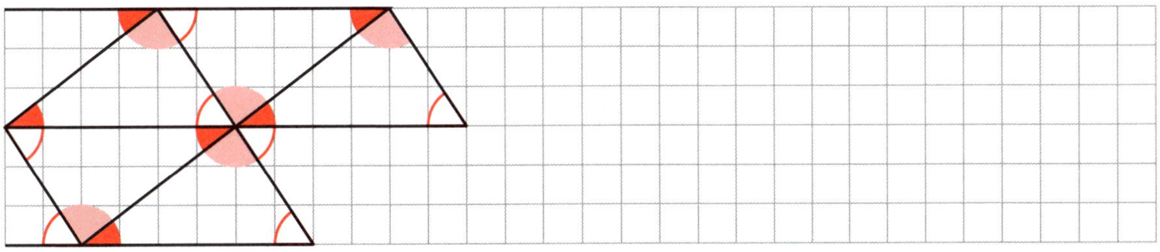

c)

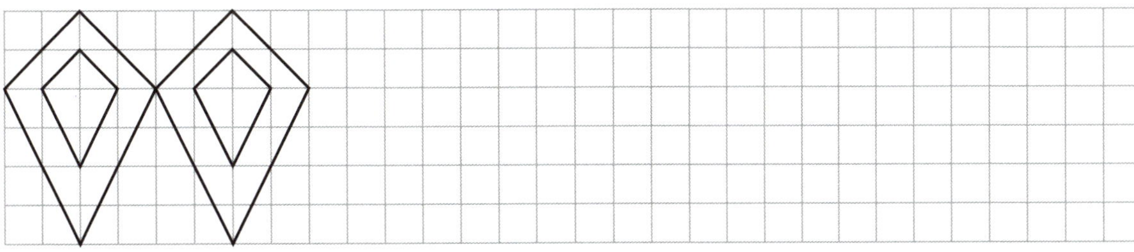

2 Setze das Rautenmuster fort.

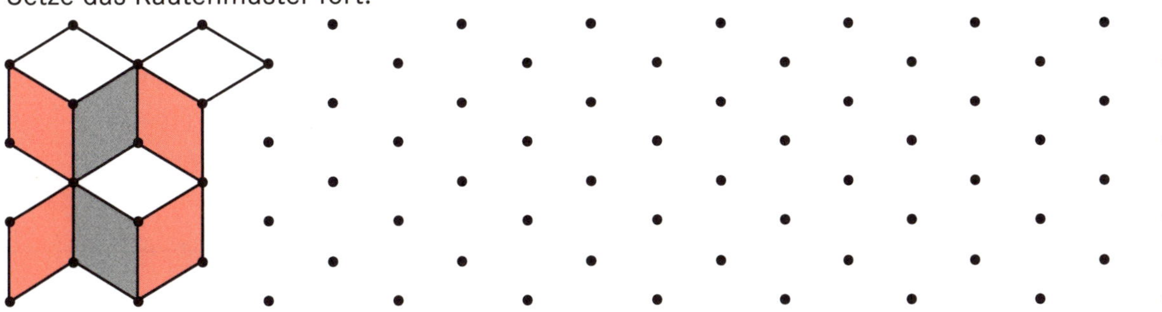

3 Setze die Kreismuster fort.

a)

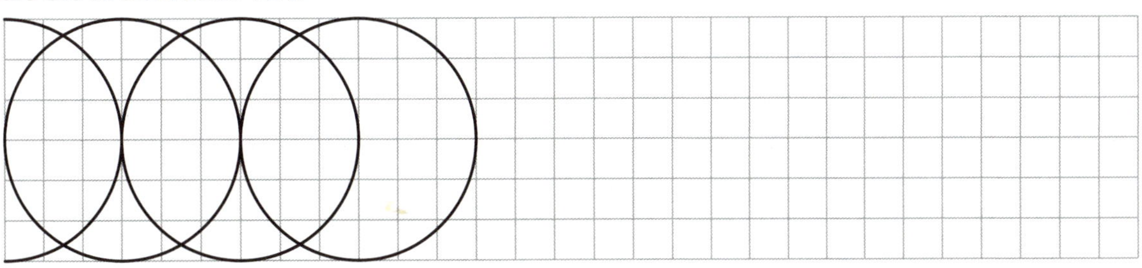

b)

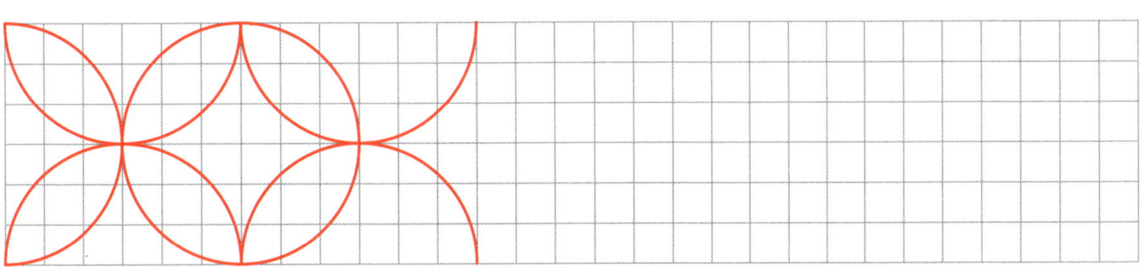

Mittelpunkt und Mittelsenkrechte

1 a) Halbiere die Strecke. Bestimme den Mittelpunkt.
b) Konstruiere die Mittelsenkrechte.
c) Konstruiere zu jeder Dreiecksseite die Mittelsenkrechte.

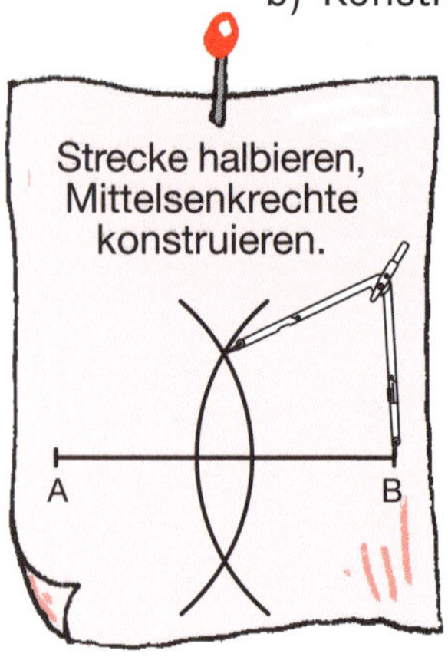

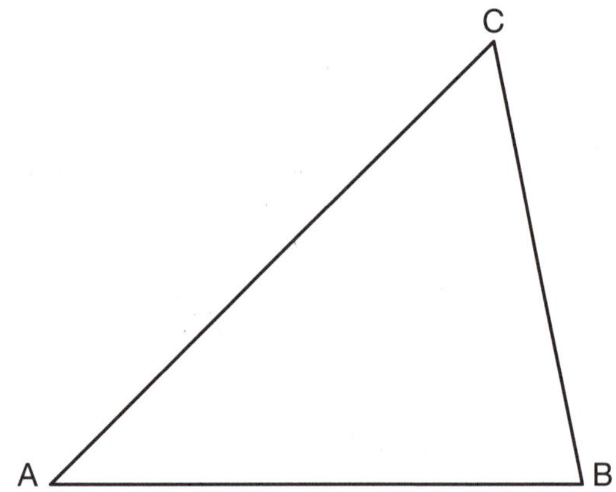

2 a) Zeichne die Mittelpunkte der Seiten ein und verbinde sie der Reihe nach.
b) Beschreibe die entstehenden Vierecke.

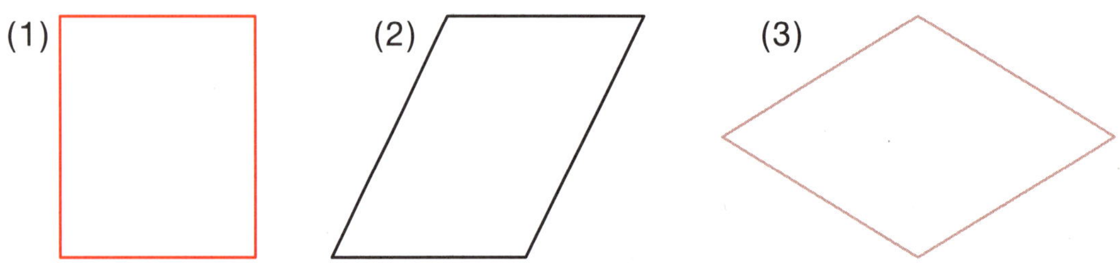

3 a) Zeichne durch jeden Punkt eine Senkrechte zu der Geraden g.
b) Wie verlaufen die Senkrechten zueinander?

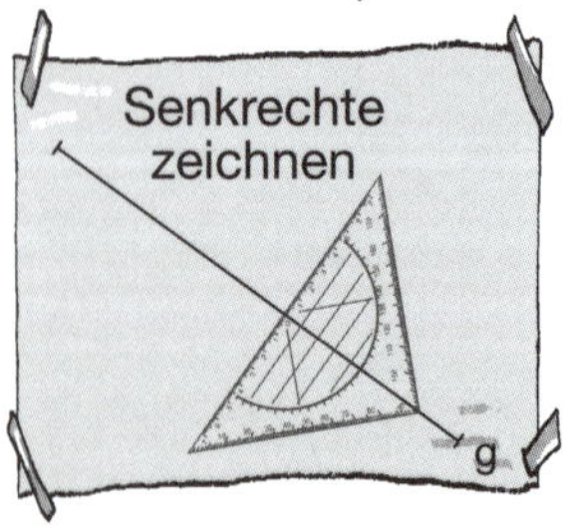

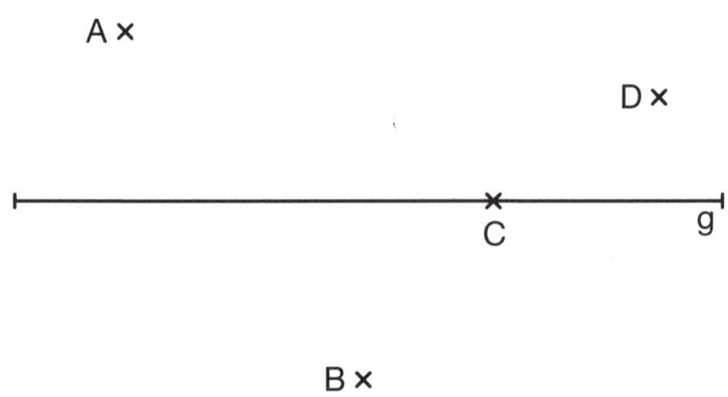

4 Zeichne zu der Geraden g durch jeden Punkt eine Senkrechte und eine Parallele jeweils von Rand zu Rand.

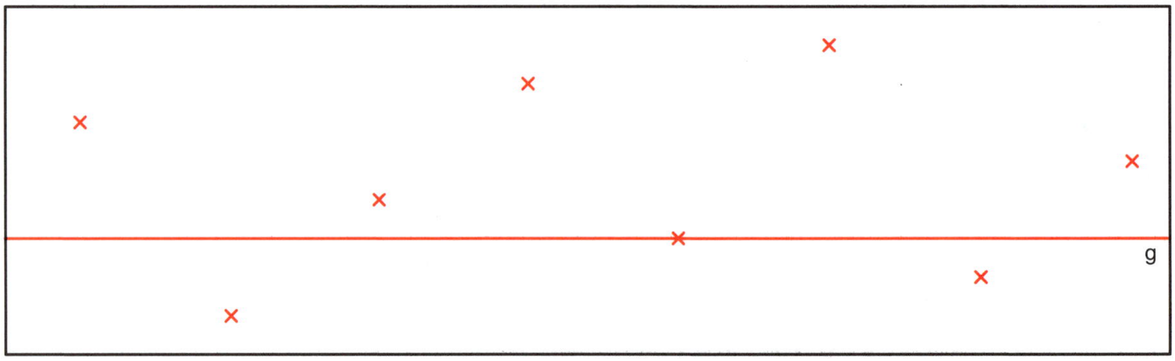

Winkel

1 a) Miss die Größe der Winkel. b) Halbiere die Winkel.

α = _______ β = _______

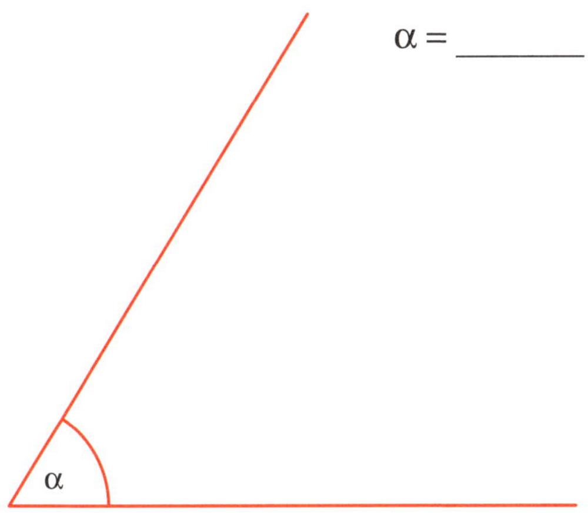

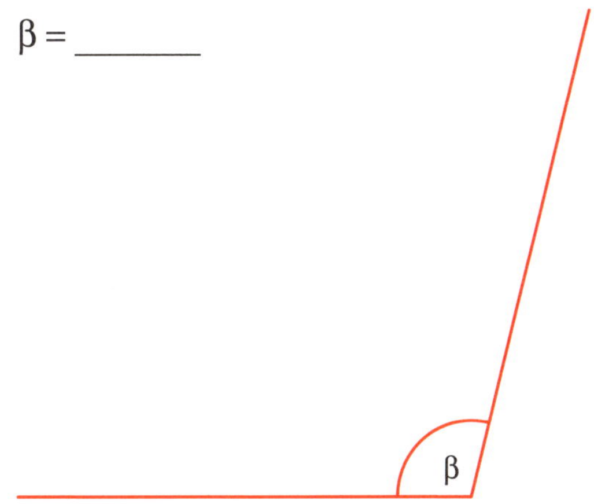

2 a) Miss alle Winkel des Dreiecks.
b) Halbiere alle drei Winkel des Dreiecks.

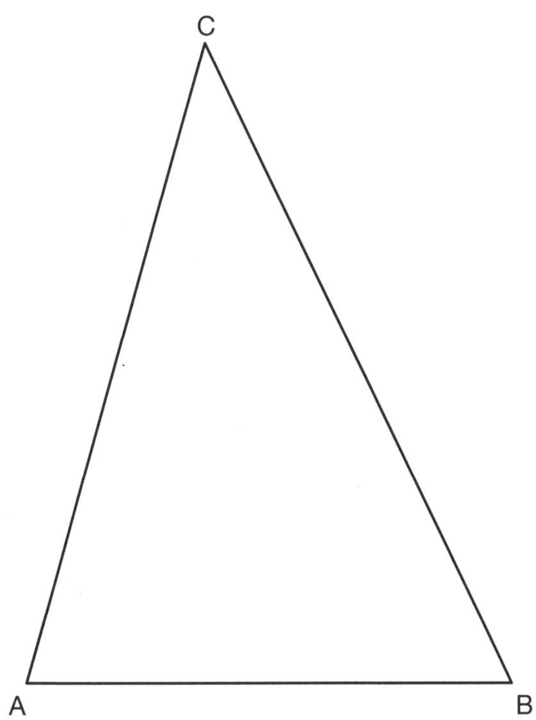

α = _______ β = _______ γ = _______

c) Konstruiere zu allen Winkeln des Rechtecks die Winkelhalbierende.

Welche Figur wird von den Winkelhalbierenden eingeschlossen?

____

____

Dreiecksformen

1

a) Welche Dreiecke sind spitzwinklig, rechtwinklig oder stumpfwinklig?
b) Bei welchen Dreiecken sind zwei Seiten gleich lang?
c) Miss jeweils die Winkel und gib die Winkelsumme an.

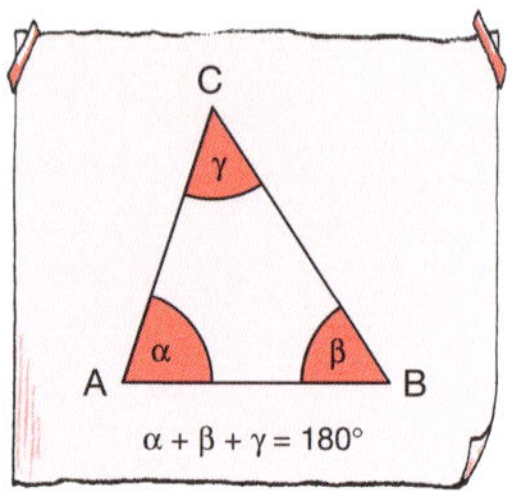

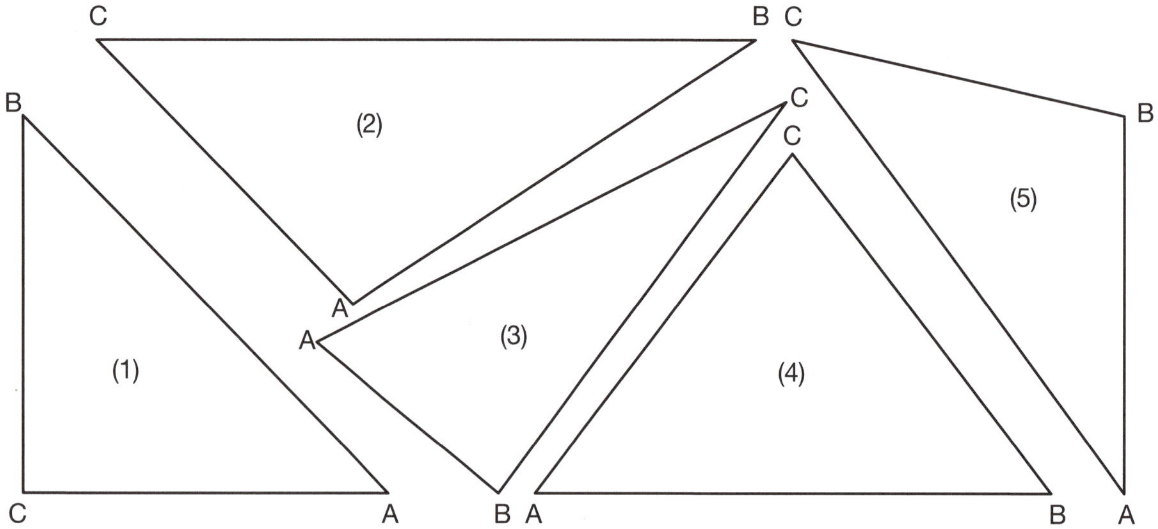

spitzwinklig	rechtwinklig	stumpfwinklig	zwei gleich lange Seiten

2 Berechne die fehlenden Winkel im Dreieck.

	a)	b)	c)	d)	e)	f)
Winkel α	74°	59°		27°	63°	60°
Winkel β	60°	31°	117°	27°		60°
Winkel γ			29°		54°	

3 a) Bei einem Dreieck werden die Punkte A und B festgehalten. Der Punkt C bewegt sich auf der Parallelen zu $\overline{AB}$. Zeichne die Dreiecke.
b) Mit welchen Punkten entsteht ein rechtwinkliges Dreieck? ________________
c) Wann entsteht ein Dreieck mit zwei gleich langen Seiten? ________________

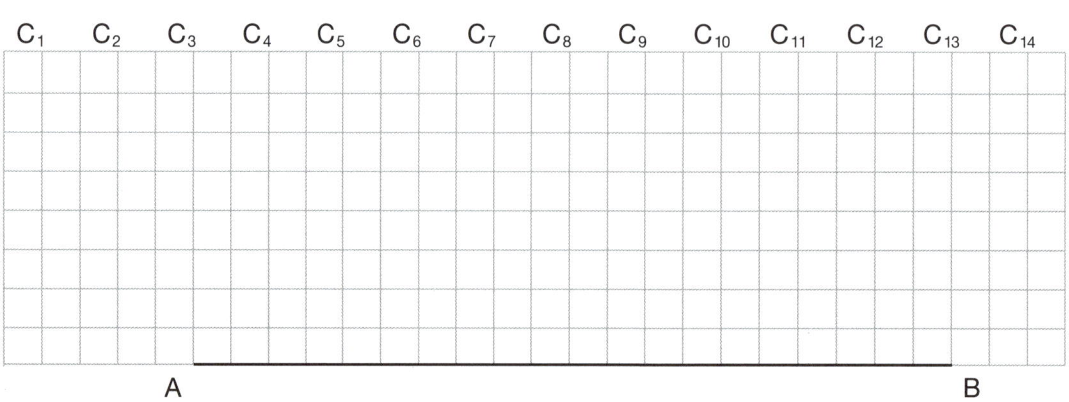

d) Schreibe die Dreiecksformen der folgenden Dreiecke auf: ABC_1, ABC_4, ABC_5, ABC_6, ABC_9.

Gleichschenklige und gleichseitige Dreiecke

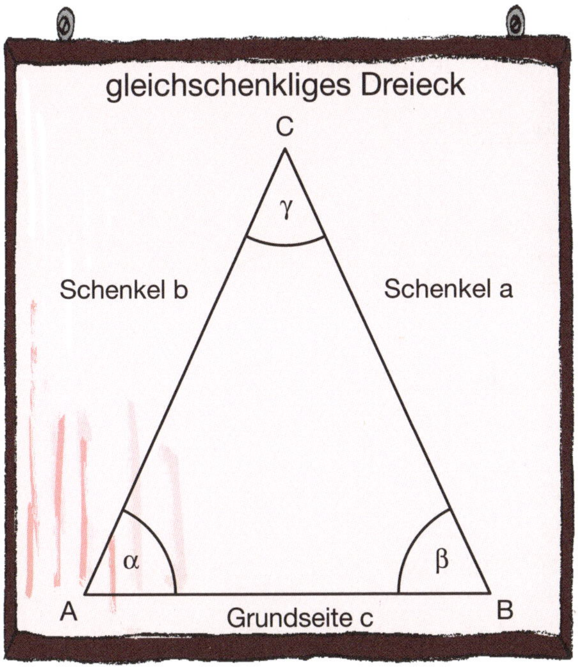

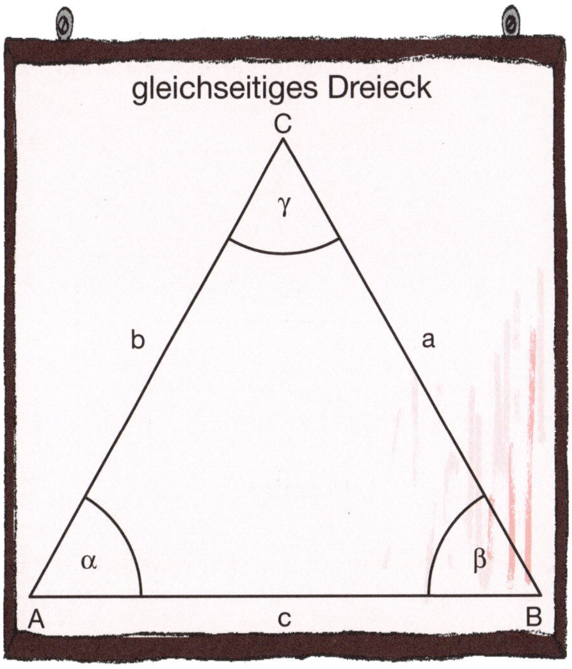

1 a) Miss alle Seitenlängen und schreibe sie auf.

a = ________ b = ________ c = ________ a = ________ b = ________ c = ________

b) Miss alle Winkel und schreibe sie auf. Überprüfe die Winkelsumme.

α = ________ β = ________ γ = ________ α = ________ β = ________ γ = ________

2 Ergänze zu gleichschenkligen oder gleichseitigen Dreiecken unterschiedlicher Größe.

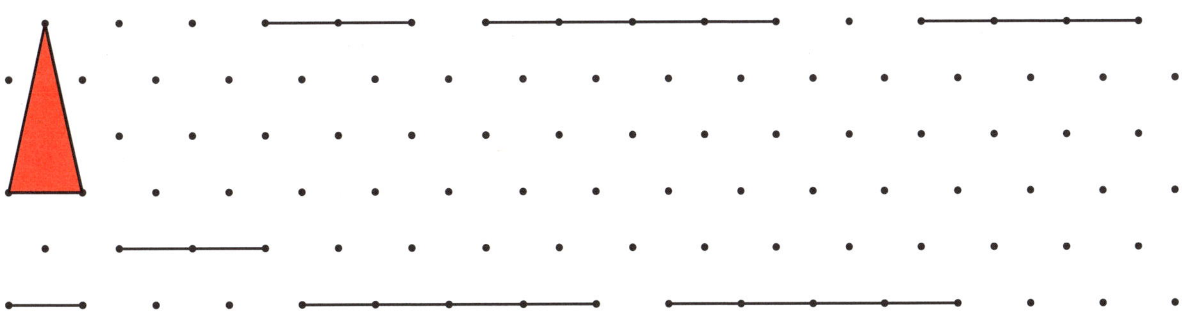

3 Zeichne in das gleichseitige Dreieck alle Symmetrieachsen ein.

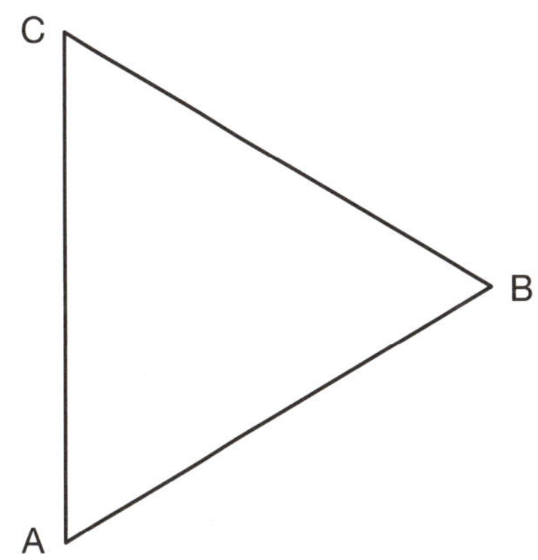

1 a) Zeichne in die Vierecke alle Symmetrieachsen ein, die möglich sind.
b) Färbe in jedem Viereck gleich große Winkel mit der gleichen Farbe.

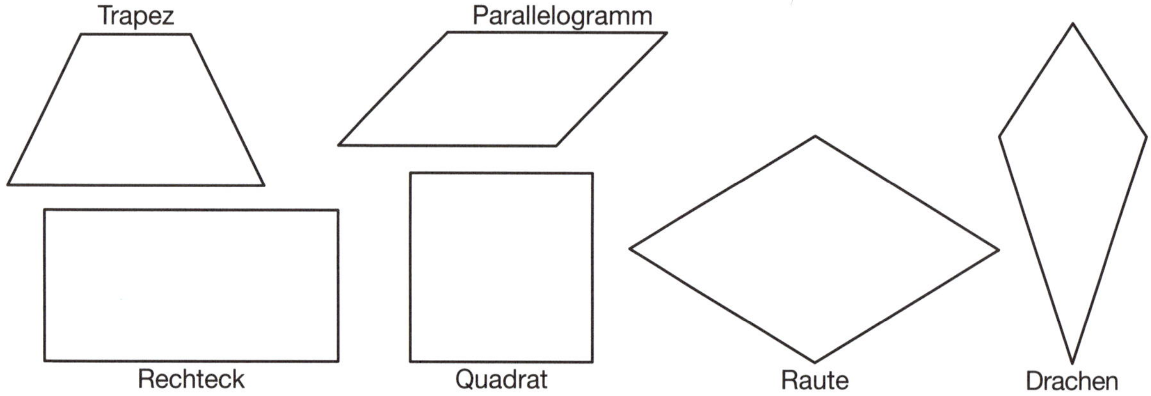

2 Welche Vierecke haben jeweils diese Eigenschaft? Kreuze an.

	Drachen	Parallelogramm	Quadrat	Raute	Rechteck	Trapez
Zwei Paar gleich große Winkel						
Vier gleich lange Seiten						
Vier rechte Winkel						
Mindestens ein Paar paralleler Seiten						
Zwei Paar gleich lange Nachbarseiten						

3 a) Zeichne die Vierecke in das Achsenkreuz und benenne sie.
(1) A (0|4); B (2|0); C (4|4); D (2|8) (2) A (3|0); B (6|0); C (9|5); D (6|5)
(3) A (3|7); B (6|6); C (12|7); D (6|8) (4) A (15|0); B (15|8); C (11|6); D (11|2)
b) Miss die Seitenlängen und schreibe sie an die Seiten. Zeichne alle Symmetrieachsen ein.
c) Miss jeweils die Winkel und gib die Winkelsumme an.

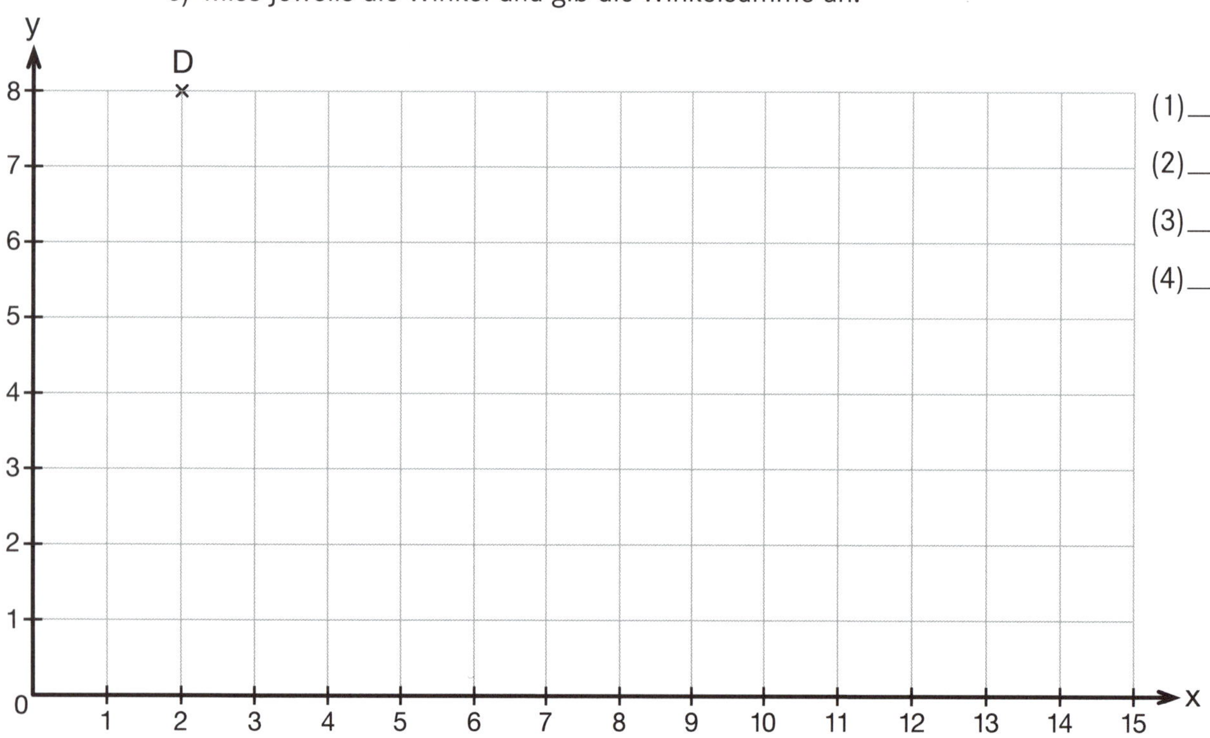

(1) ______
(2) ______
(3) ______
(4) ______

Flächeninhalt und Umfang von Rechteck und Quadrat

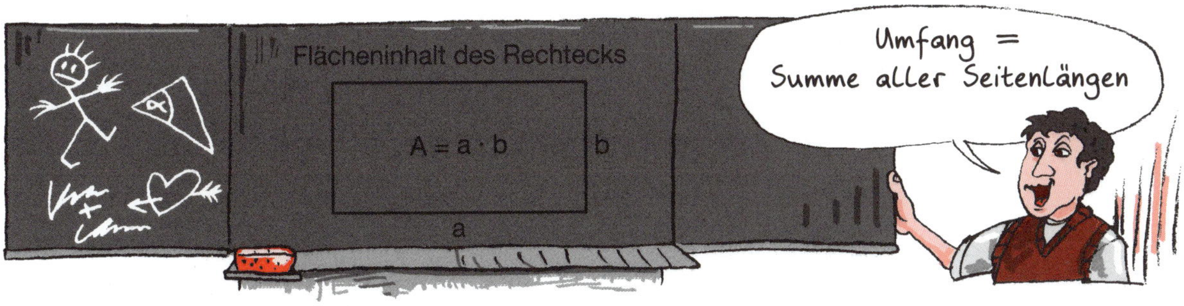

1 a) Miss die Seitenlängen der Rechtecke und schreibe sie an die Figuren.

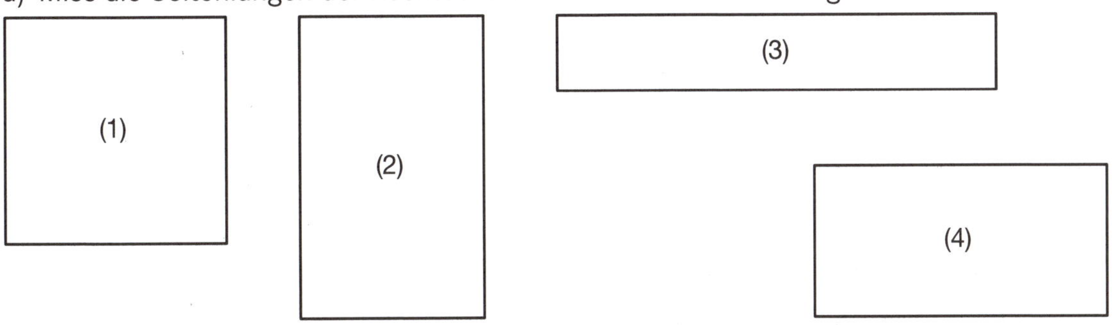

b) Berechne den Flächeninhalt der Rechtecke.
c) Gib den Umfang der Rechtecke an.

A = ______ A = ______ A = ______ A = ______

u = ______ u = ______ u = ______ u = ______

2 a) Zeichne drei verschiedene Rechtecke mit dem Flächeninhalt 36 cm^2. Berechne jeweils den Umfang.
b) Zeichne drei verschiedene Rechtecke mit dem Umfang 24 cm. Berechne jeweils den Flächeninhalt.

3 Berechne die fehlenden Werte der Rechtecke.

	a)	b)	c)	d)	e)	f)	g)	h)
Seite a	13 cm	14 dm	60 cm	7 dm	25 cm		35 dm	
Seite b	5 cm	14 dm	1,2 m	80 cm		12 cm		24 m
Flächeninhalt A					150 cm^2	240 cm^2		
Umfang u							90 dm	78 m

4 Wandle in die angegebenen Maßeinheiten um.

a)

dm^2	cm^2	mm^2
3		
	84	
		132

b)

a	m^2	dm^2
	1,8	
		90
15		

c)

km^2	ha	a
		6
0,04		
	0,75	

Zusammengesetzte Flächen

1 Berechne den Flächeninhalt der zusammengesetzten Fläche auf zwei verschiedene Arten.

a) Zerlegen; Flächen addieren.

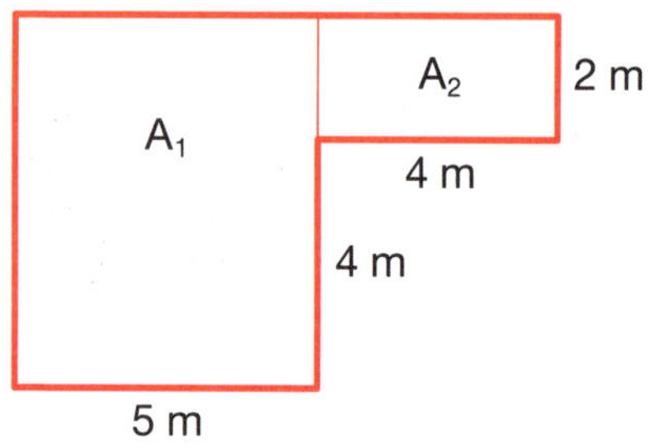

b) Ergänzen; Flächen subtrahieren.

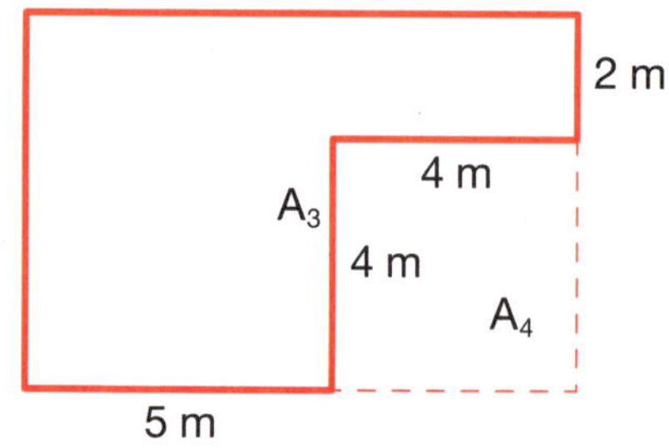

A_1 = ______________________________

A_2 = ______________________________

$A_1 + A_2$ = ______________________________

A_3 = ______________________________

A_4 = ______________________________

$A_3 - A_4$ = ______________________________

2 a) Bestimme den Flächeninhalt der folgenden Flächen.
b) Gib den Umfang der Flächen an.

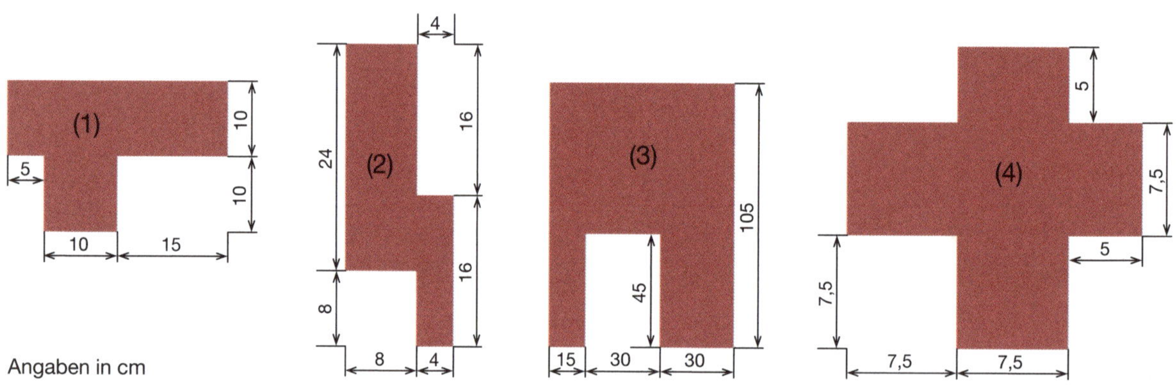

______________ ______________ ______________ ______________

______________ ______________ ______________ ______________

______________ ______________ ______________ ______________

3 Familie Becker möchte die Wohnung renovieren. Flur, Badezimmer und Küche sollen gefliest, das Wohnzimmer parkettiert und die beiden Kinderzimmer mit Teppichboden ausgelegt werden.

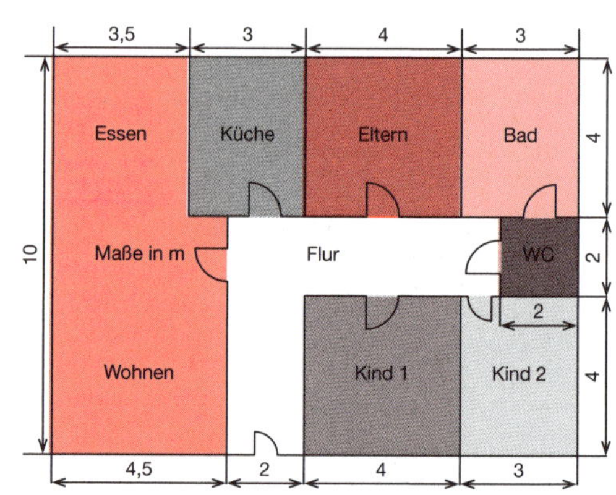

Fliesen: ______________________________

Parkett: ______________________________

Teppichboden: ______________________________

Parallelogramme berechnen

1 Bestimme den Flächeninhalt der Parallelogramme.

	a)	b)	c)
Grundseite a	12 cm	15 dm	16 m
Höhe h	8 cm	15 dm	9 m
Flächeninhalt A			

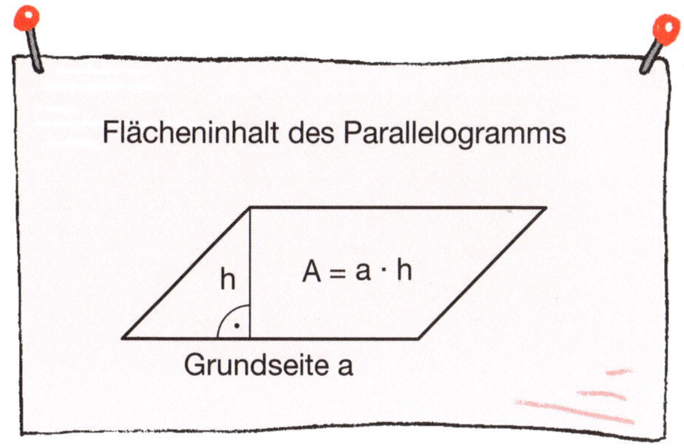

2 a) Trage die Grundseite a blau ein. Zeichne die zugehörige Höhe h rot ein. Miss entsprechende Längen und berechne den Flächeninhalt.
b) Miss die Seitenlängen und bestimme den Umfang.

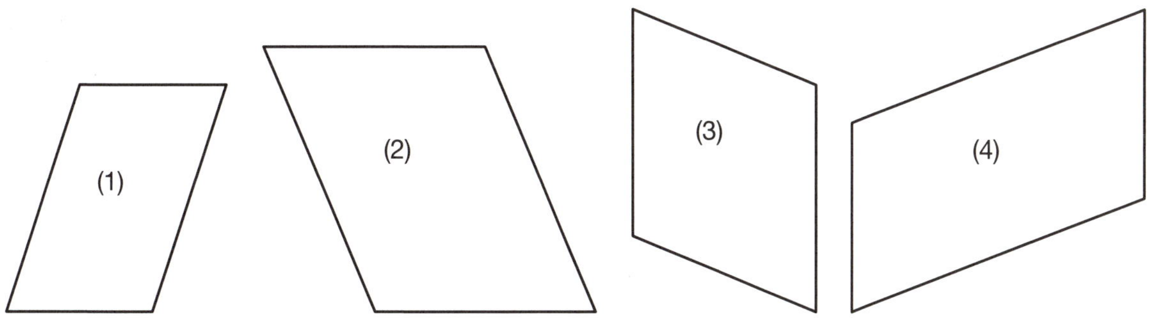

A = ______ A = ______ A = ______ A = ______

______ ______ ______ ______

u = ______ u = ______ u = ______ u = ______

______ ______ ______ ______

3 Bestimme die fehlenden Werte der Parallelogramme. Achte auf die Maßeinheit.

	a)	b)	c)	d)	e)	f)	g)
Grundseite a	7 m	1,7 m	14 cm	6 dm	4 m		
Höhe h	1,3 m	20 dm	0,5 m			6 m	40 cm
Flächeninhalt A				5,4 dm^2	96 m^2	21 m^2	1600 cm^2

4 a) Berechne den Flächeninhalt der Parallelogramme.
b) Vergleiche die gegebenen Maße und die Flächeninhalte. Was fällt dir auf? Begründe.

	a)	b)	c)	d)	e)	f)
Grundseite a	6 cm	12 cm	6 cm	12 cm	3 cm	3 cm
Höhe h	4 cm	4 cm	8 cm	2 cm	4 cm	8 cm
Flächeninhalt A						

Dreiecke berechnen

1 Bestimme den Flächeninhalt der Dreiecke.

	a)	b)	c)
Grundseite g	6 cm	20 dm	4 m
Höhe h	9 cm	20 dm	13 m
Flächeninhalt A			

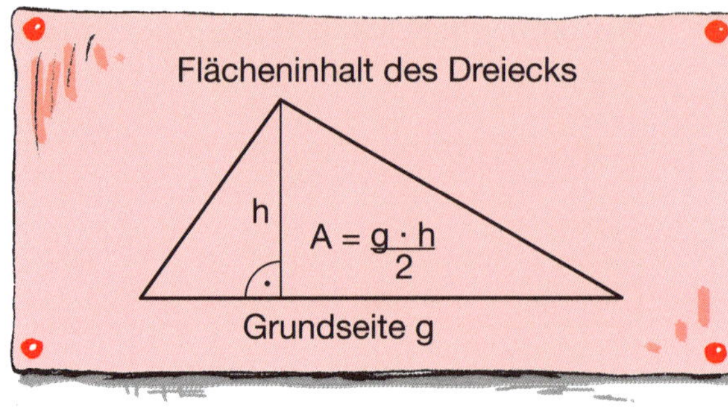

2 a) Trage die Grundseite g blau ein. Zeichne die zugehörige Höhe h rot ein. Miss entsprechende Längen und berechne den Flächeninhalt.
b) Miss die Seitenlängen und bestimme den Umfang.

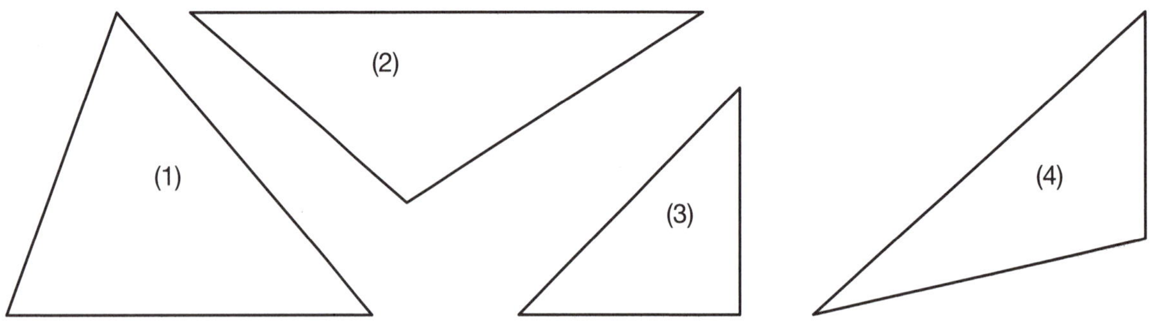

(1) A = ______________ ______________ u = ______________ ______________

(2) A = ______________ ______________ u = ______________ ______________

(3) A = ______________ ______________ u = ______________ ______________

(4) A = ______________ ______________ u = ______________ ______________

3 Bestimme die fehlenden Werte der Dreiecke. Achte auf die Maßeinheit.

	a)	b)	c)	d)	e)	f)	g)
Grundseite g	9 cm	2,4 m	25 cm	8 cm	25 dm		
Höhe h	4 cm	3 dm	0,3 m			5 cm	36 dm
Flächeninhalt A				24 cm^2	150 dm^2	30 cm^2	180 dm^2

4 Der Giebel eines Fachwerkhauses wird verglast.
a) Berechne die Gesamtfläche des Giebels.
b) 1 m^2 Doppelverglasung kostet 78 €.
Wie teuer wird die Verglasung?

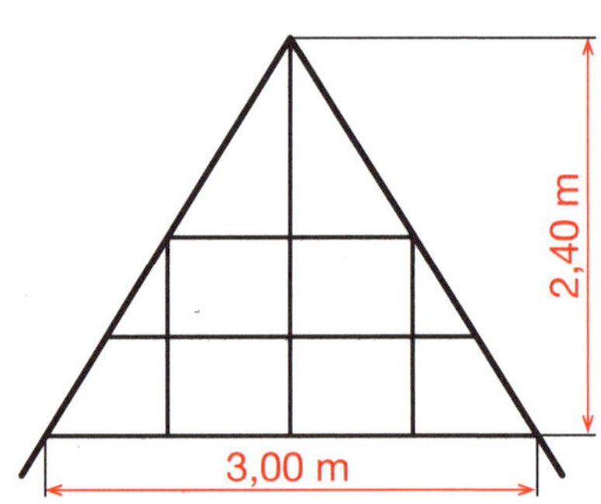

Trapeze berechnen

1 Bestimme den Flächeninhalt der Trapeze.

	a)	b)	c)
Grundseite a	11 cm	7 dm	2,5 m
Grundseite c	6 cm	3 dm	7,5 m
Höhe h	8 cm	9 dm	4 m
Flächeninhalt A			

Flächeninhalt des Trapezes

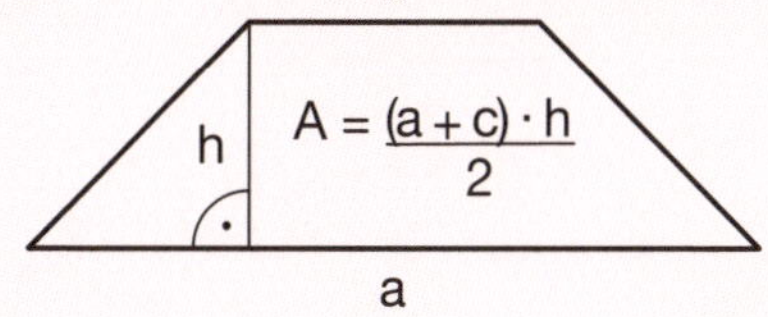

2 a) Trage die Grundseite a blau, die Grundseite c grün und die Höhe h rot ein. Berechne den Flächeninhalt der Trapeze.
b) Miss die Seitenlängen und bestimme den Umfang der Trapeze.

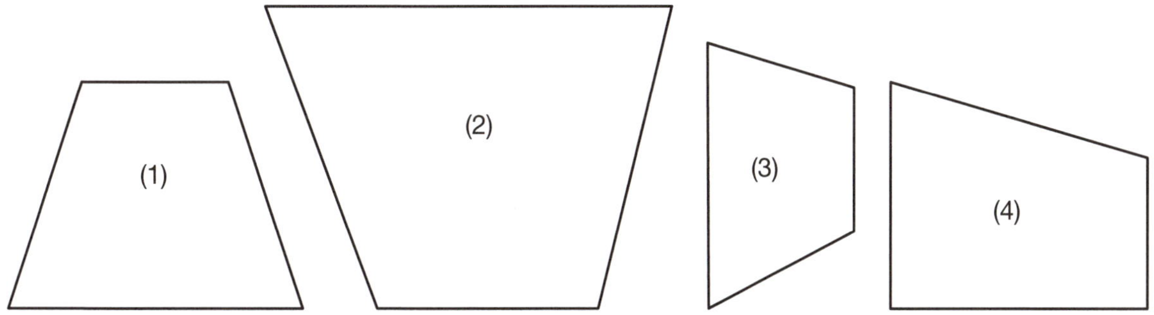

A = ______ A = ______ A = ______ A = ______

u = ______ u = ______ u = ______ u = ______

3 Bestimme die fehlenden Werte der Trapeze. Achte auf die Maßeinheit.

	a)	b)	c)	d)	e)	f)	g)
Grundseite a	12 m	5 dm	0,8 m	4 cm	0,6 m		12 cm
Grundseite c	18 m	2 dm	1,2 m	6 cm	1,2 m	10 m	
Höhe h	11 m	0,6 m	35 cm			25 m	15 cm
Flächeninhalt A				45 cm^2	0,81 m^2	200 m^2	150 cm^2

4 Hohmanns wollen ihre Giebelfenster mit Verbundglas versehen. 1 m^2 Verbundglas kostet 115 €. Berechne die Kosten für die Giebelfenster.

a)

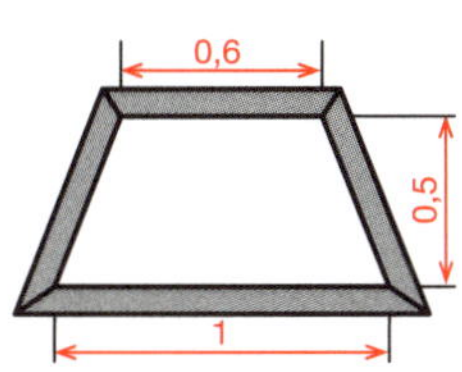

Maße in m

b)

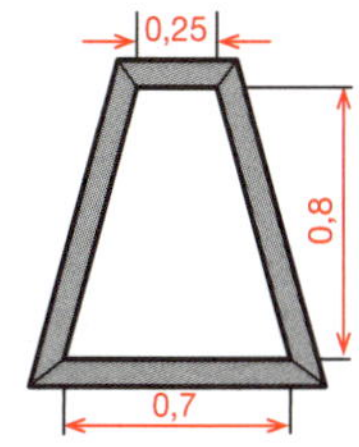

MACH DICH FIT!

1 a) Konstruiere die Mittelsenkrechte zu der Strecke.

b) Miss den Winkel und schreibe seine Größe auf. Konstruiere die Winkelhalbierende des Winkels.

α = ______

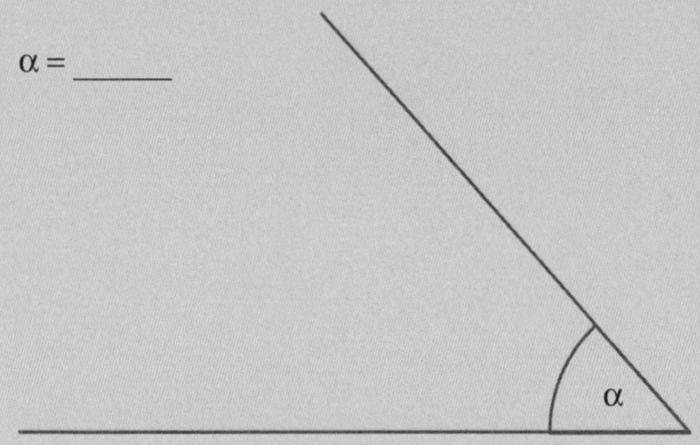

2 a) Zeichne durch alle Punkte die Senkrechten und die Parallelen zu der Geraden.

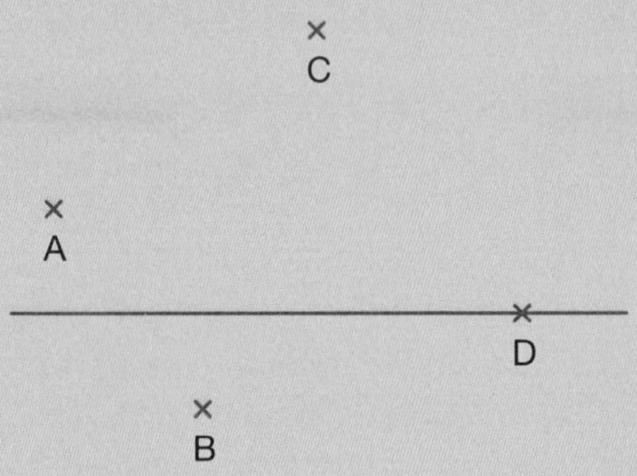

b) Zeichne zu jeder Dreiecksseite die Senkrechte durch den gegenüberliegenden Punkt.

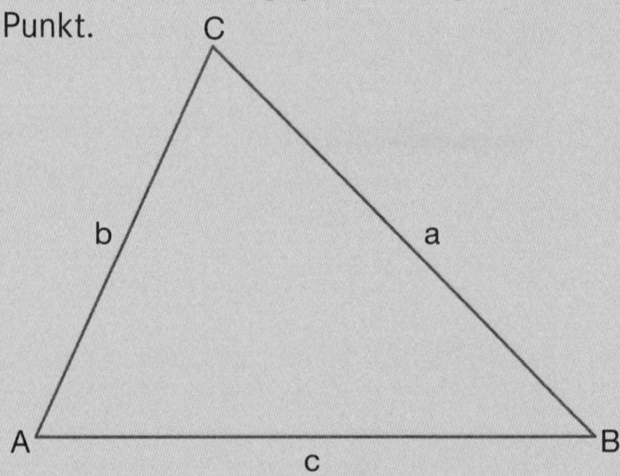

3 Berechne die fehlenden Winkel im Dreieck. Gib die Form der Dreiecke an.

	a)	b)	c)	d)	e)	f)
Winkel α	34°	28°			60°	134°
Winkel β	100°	62°	45°	54°		23°
Winkel γ			90°	72°	60°	
Form						

4 a) Benenne die Vierecke und zeichne die Symmetrieachsen ein.
b) Berechne die fehlenden Winkel im Viereck.

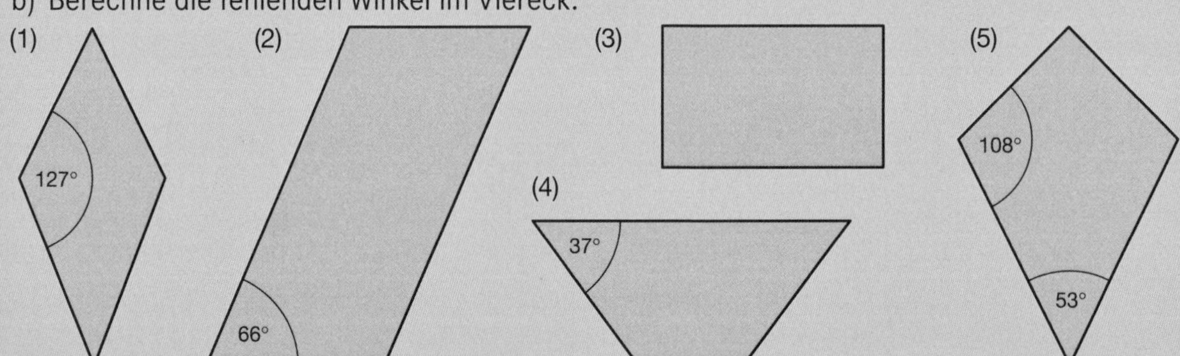

MACH DICH FIT!

5 a) Miss entsprechende Strecken und berechne den Flächeninhalt der Figuren.
b) Miss die Seitenlängen und bestimme den Umfang der Figuren.

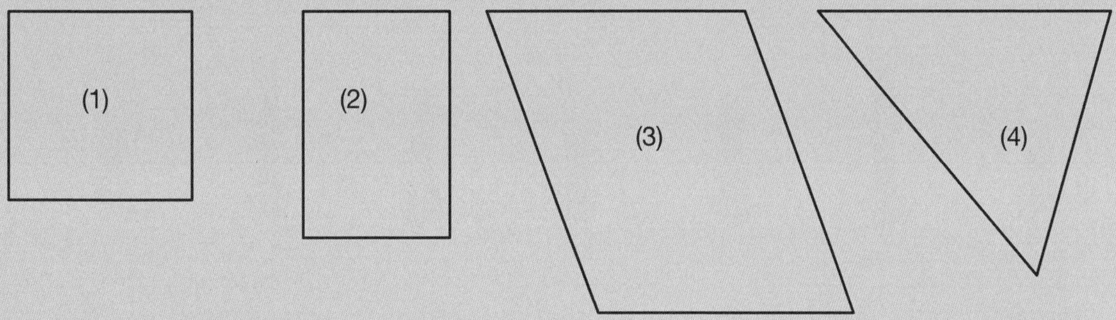

6 Bestimme den Flächeninhalt und den Umfang.

		Seitenlänge a	Seitenlänge b	Flächeninhalt A	Umfang u
a)	Rechteck	15 cm	8 cm		
b)	Quadrat	80 cm			

7 Bestimme den Flächeninhalt. Achte auf die Maßeinheit.

a) Parallelogramm: a = 4 dm h = 18 cm
b) Dreieck: g = 20 m h = 42 dm
c) Trapez: a = 80 cm c = 30 cm h = 2 m

8 Bestimme den Flächeninhalt der zusammengesetzten Figuren.

(Maße in cm)

a)

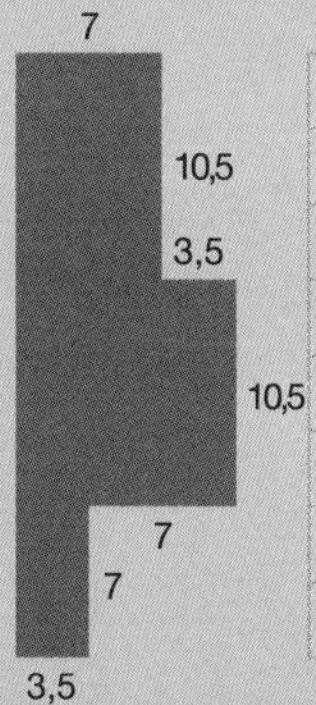

b)

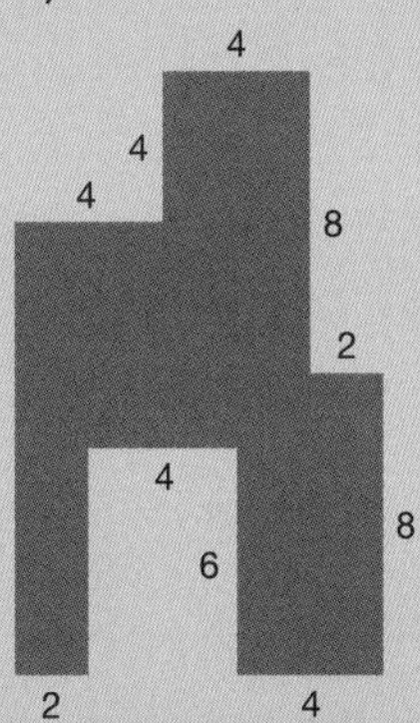

Temperaturänderungen

1 a) Lies die Temperaturen ab und schreibe sie auf.
b) Schreibe auf den Pfeil, um wie viel Grad die Temperatur jeweils steigt oder fällt.

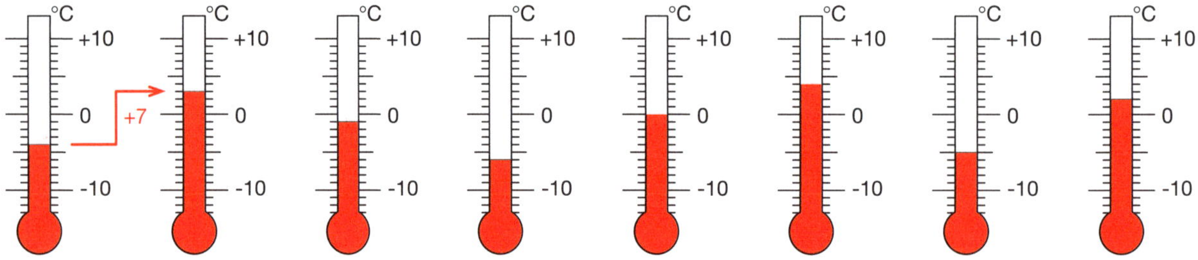

+7°
-4 °C → +3 °C → → → → → →

2 Gib jeweils die neue Temperatur an und trage sie ein.

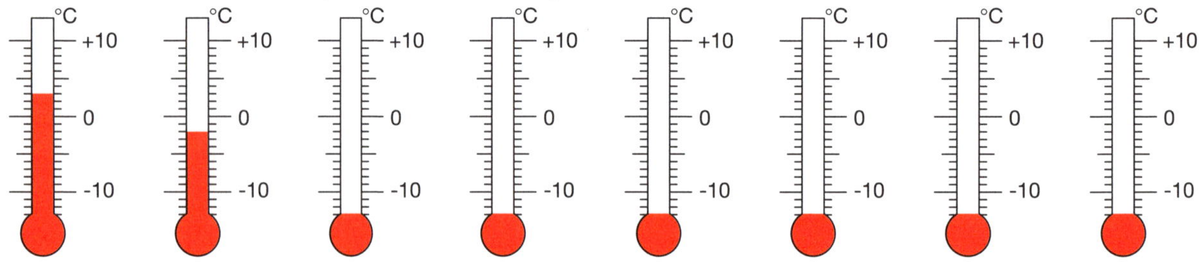

-5° +4° -14° +8° -3° +7° -2°
+3 °C → -2 °C → → → → → →

3 a) Berechne die Endtemperatur.

Anfangs-temperatur	Temperatur-änderung	Endtempe-ratur
+5 °C	-7 °C	
-4 °C	+10 °C	
-3 °C	-6 °C	
-11 °C	+11 °C	

b) Berechne die fehlenden Werte.

Anfangs-temperatur	Temperatur-änderung	Endtempe-ratur
+1 °C		-12 °C
	+9 °C	-1 °C
	-15 °C	+16 °C
-13 °C		-19 °C

4 In der Antarktis am Südpol herrschen „arktische“ Temperaturen. Vergleiche die Temperaturen im Sommer und im Winter. Wie groß ist jeweils der Temperaturunterschied?

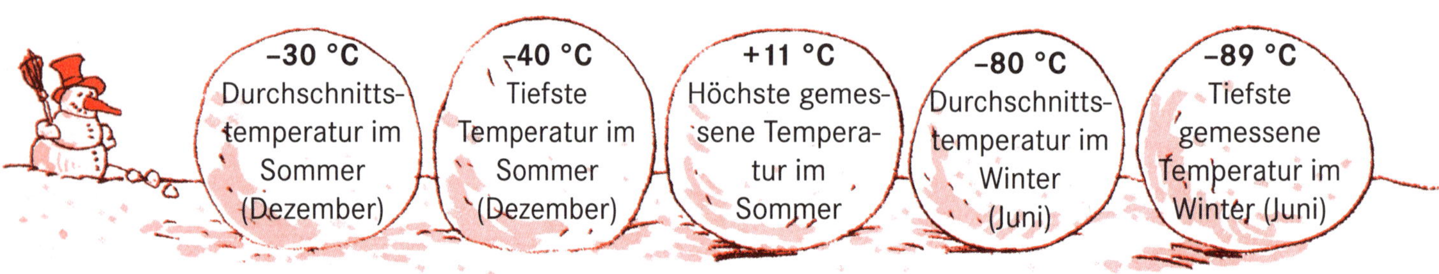

-30 °C $\xrightarrow{-10°}$ -40 °C

Kontoänderungen

1 Lege ein Pfeilbild an. Berechne den neuen Kontostand. Schreibe die Rechnung auf.

Annika hat 50 € Guthaben auf ihrem Konto. Sie hebt 80 € ab.

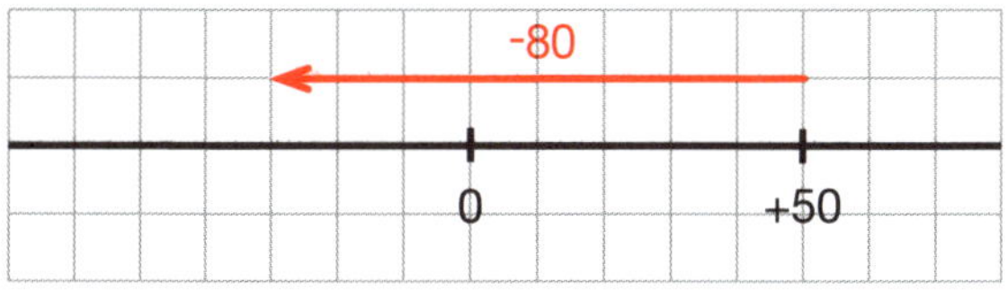

$+50\text{ €} \xrightarrow{-80\text{ €}} -30\text{ €}$

a) Patrick hat 40 € Guthaben. Er hebt von seinem Konto 30 € ab.

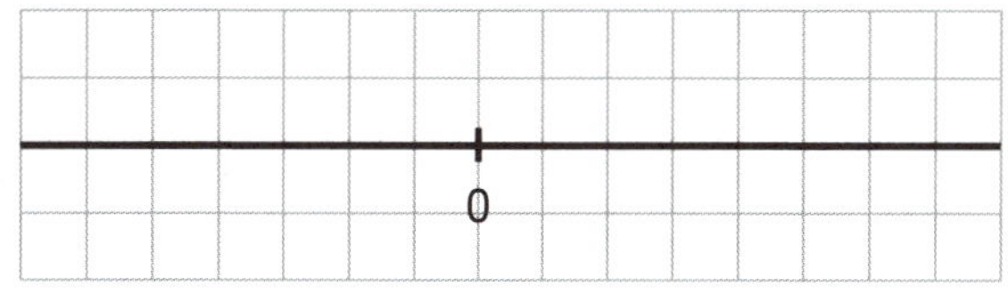

b) Tim hat bei seiner Schwester 20 € Schulden. Er borgt sich noch 20 €.

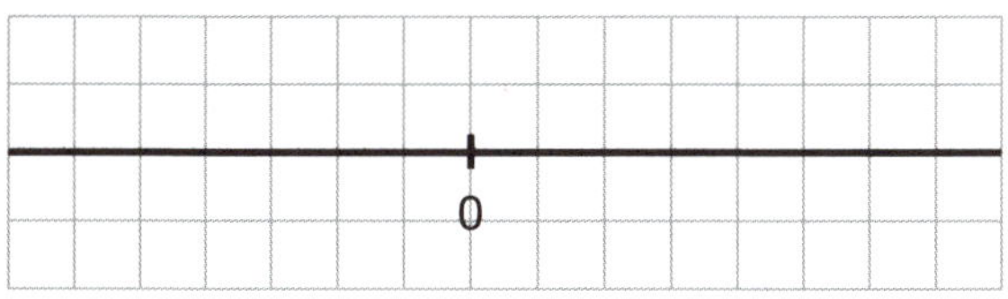

c) Julia hat 60 € Schulden. Sie bekommt von ihren Großeltern 90 €.

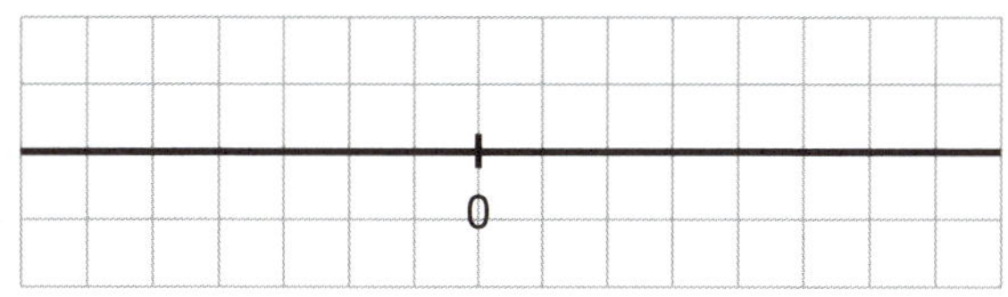

2 Berechne den neuen Kontostand. Schreibe die Rechnung auf.

a) Lisa hat 97 € Guthaben. Sie hebt 88 € von ihrem Konto ab.

b) Jan hat 36 € Schulden. Er leiht sich 48 €.

c) Lea hat 67 € Guthaben. Sie macht bei ihren Eltern 132 € Schulden.

d) Kerim hat 24 € Schulden. Zum Geburtstag erhält er 50 €.

3 a) Berechne den neuen Kontostand.

Alter Kontostand	Gutschrift/ Lastschrift	Neuer Kontostand
+180 €	-120 €	
-490 €	+230 €	
-260 €	-260 €	

b) Berechne die fehlenden Werte.

Alter Kontostand	Gutschrift/ Lastschrift	Neuer Kontostand
+250 €		+610 €
	-150 €	-520 €
-380 €		-90 €

4 a)

Wie kann der Irrtum korrigiert werden?

b)

Wie viel Euro Guthaben hat Frau Edler?

Positive und negative Zahlen

1 Wie heißen die gekennzeichneten Zahlen?

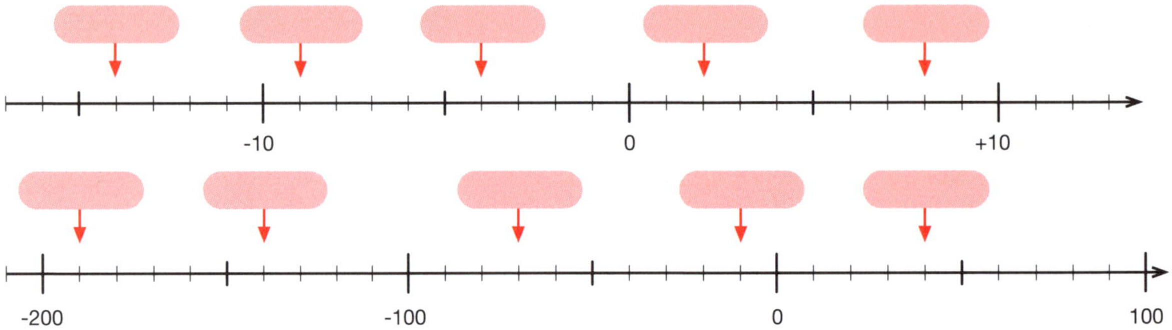

2 Kennzeichne die folgenden Zahlen.
+110; – 170; +20; –60; +80; – 125; –90; +45; –5; –35

3 Vergleiche die Zahlen. Setze die Zeichen < oder > ein.

a) +3 ☐ +1	b) –29 ☐ +21	c) –3 ☐ –30	d) +99 ☐ – 100
+4 ☐ –9	–7 ☐ 0	–50 ☐ – 10	–541 ☐ –501
+15 ☐ +51	+1001 ☐ +1100	–99 ☐ – 100	–83 ☐ +38

4 Kreise die größte Zahl mit Blau und die kleinste Zahl mit Grün ein.

5 Ordne die Zahlen der Größe nach. Verwende die Zeichen < oder >.

a) –5; – 19; + 13; 0; –8; + 17; + 1 ____________________

b) – 11; +77; –55; –33; +55; + 11 ____________________

c) –201; + 102; +210; – 120; – 100 ____________________

6 Trage die folgenden Zahlen und ihre Gegenzahlen ein.
–6; +9; – 12; +3

MACH DICH FIT!

1 Berechne die fehlenden Werte.

	a)	b)	c)	d)	e)	f)
Anfangstemperatur	−16 °C	−4 °C	−7 °C	−14 °C		
Temperaturänderung	+8 °C	+12 °C	+7 °C		−13 °C	−6 °C
Endtemperatur				−9 °C	−5 °C	0 °C

2 Berechne den neuen Kontostand. Schreibe die Rechnung auf.

a) Frau Wegner hat ein Guthaben von 89 €. Sie hebt 130 € ab. ______________________

b) Jonas hat 16 € Schulden. Er leiht sich noch einmal 27 €. ______________________

3 Berechne die fehlenden Werte.

	a)	b)	c)	d)	e)	f)
Alter Kontostand	−687 €	−104 €	+289 €	−358 €		
Gutschrift/Lastschrift	−255 €	+39 €	−407 €		+241 €	−692 €
Neuer Kontostand				−991 €	−109 €	−31 €

4 Kennzeichne die folgenden Zahlen und ihre Gegenzahlen.
−20; +115; −95

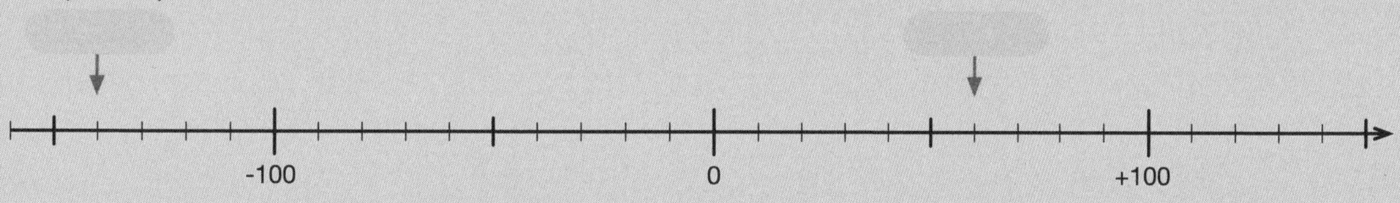

5 Vergleiche die Zahlen. Setze die Zeichen < oder > ein.

a)	b)	c)	d)
−20 ☐ +2	−65 ☐ −56	−999 ☐ −1000	−4 ☐ 0
−2 ☐ +20	+65 ☐ +56	+1000 ☐ +999	0 ☐ +4

6 Ordne die Zahlen der Größe nach. Verwende die Zeichen < oder >.

a) +6; −60; −600; +6000; +66; −606 ______________________

b) +101; −110; 0; +11; −111; +10 ______________________

7 Familie Thiele hat 478 € Schulden auf dem Konto. An Kfz-Versicherung fallen 216 € an, für die Autoinspektion muss sie 329 € bezahlen. Zum Monatsbeginn wird das Gehalt von 2436 € überwiesen. Kann Familie Thiele noch die monatlichen Festkosten von 1400 € aufbringen, ohne das Konto zu überziehen?

____

____

1 Welche Ergebnisse liefern beim Spiel „Autorennen“ die folgenden Wagen? Setze für x die Augenzahl ein.

x	12 · x – 7	9 · x + 4	4 · x + 9	5 · x + x
⚀	5	13		
⚁				
⚂				
⚃				
⚄				
●●● ●●● ●●●				

2 Setze für die Platzhalter die Zahlen ein und berechne den Wert der Terme.

	a)	b)	c)	d)	e)	f)
x	4 · x	3 · x + x	10 · x – 6 · x	15 · x + 13	12 · x + 3 · x	150 – 15 · x
0						
1						
2						
3						
5						
10						

3 Stelle einen Term für den Umfang der Rechtecke auf und vereinfache ihn.

a)

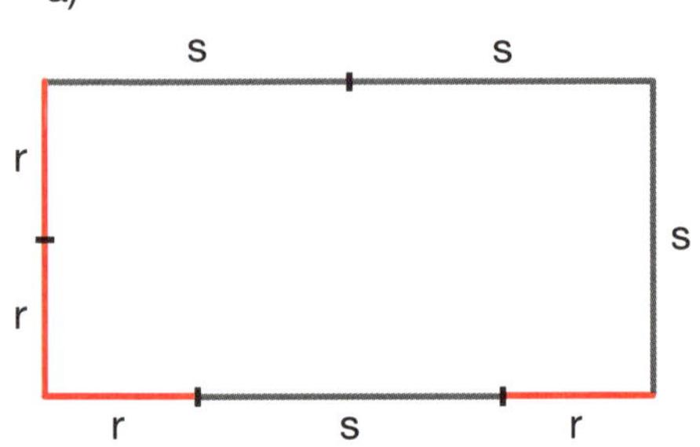

b)

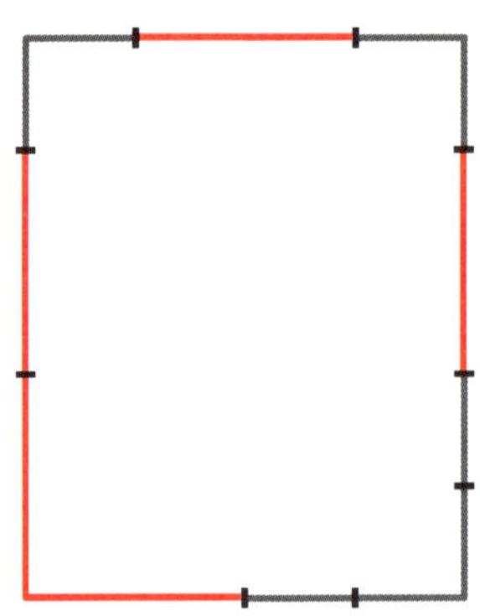

c)

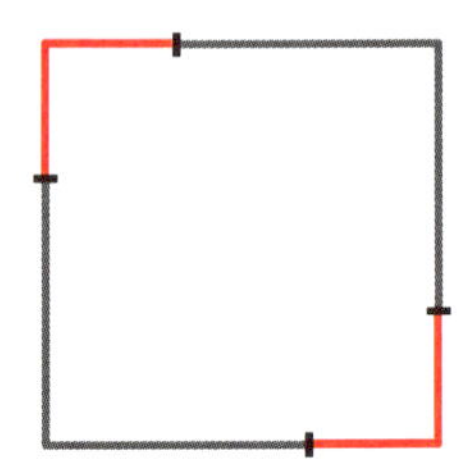

________________ ________________ ________________

________________ ________________ ________________

4 Vereinfache die Terme.

x + 2 · y + 7 · x – y = 8 · x + 1 · y

a) 7 · x + 3 · x = ________________

b) a + 1 · a = ________________

c) y + 5 · y – 3 · y = ________________

d) y + 5 · x + 3 · y = ________________

e) 10 · x + 3 · y – 4 · x = ________________

f) 11 · z + 4 – 5 · z + 6 = ________________

g) 8 + 2 · a – 5 + a = ________________

Gleichungen lösen

1 Schreibe eine Gleichung und bestimme die Lösung.

a) ○○○○○☒ ▲ ○○○○○○○○○

b) ○○○○○○○○○○ ▲ ☒○○○○

c) ☒☒ ▲ ○○○○○○○○○○

d) ○○○○ ▲ ☒☒☒☒

e) ○☒☒☒ ▲ ○○○○○○○

f) ○○○○○○○○○○○ ▲ ☒☒○○○○○

-3 (x + 3 = 11) -3

x = 8

Probe: 8 + 3 = 11

2 Löse die Gleichungen. Mache die Probe im Kopf.

a) x – 25 = 50

b) 198 = x – 324

c) x – 78,3 = 99

d) x : 40 = 13

e) 11 = x : 12

f) x : 1,5 = 7

g) 5 · x + 6 = 21

h) 307 = 8 · x – 37

i) x : 2 + 129 = 205

3 Welche Zahlen wurden beim Spiel „Autorennen“ gewürfelt? Forme die Gleichung um.

a) 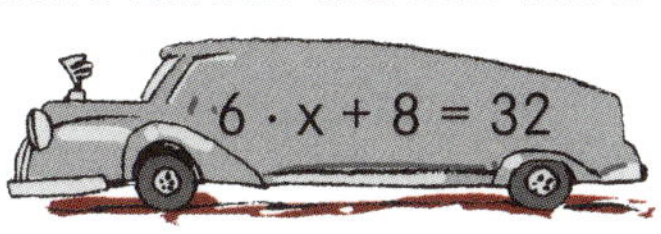

b) 

c) 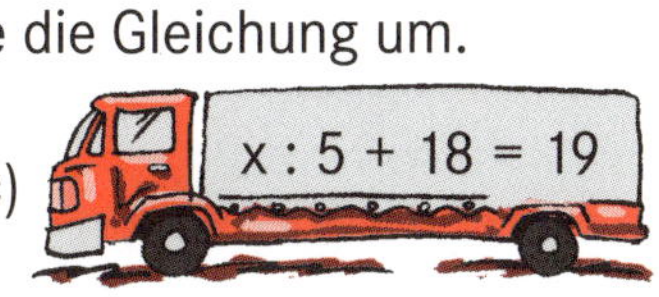

4 Die Gleichungen aus der ersten Reihe wurden umgeformt. Verbinde die Gleichungen, die zusammengehören.

a 3 · x – 7 = 5	b x : 3 + 4 = 9	c 3 · x – 12 = 24	d 3 · x + 12 = 27
A x = 15	B 3 · x = 15	C 3 · x = 12	D x = 12

Zahlenrätsel

1

Löse die Gleichung.

Term	Gleichung lösen
x	______
$8 \cdot x$	______
$8 \cdot x - 6$	______
$8 \cdot x - 6 = 10$	

Probe: $8 \cdot$ __ $- 6 = 10$

Ergebnis: Die gedachte Zahl heißt __.

2 Übersetze den Text in einen Term. Schreibe eine Gleichung und löse sie.

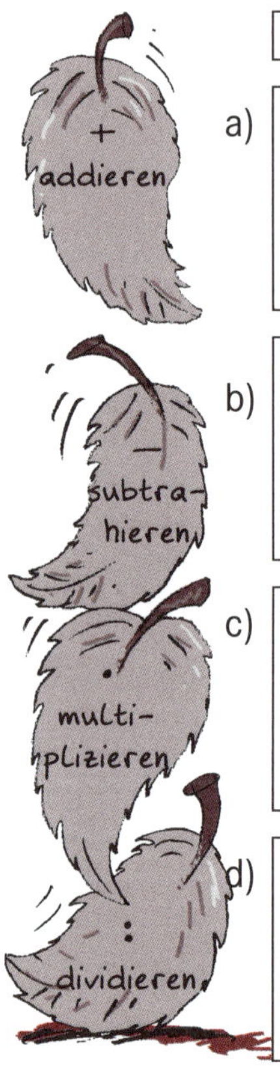

	Text	Term	Gleichung lösen
a)	Denke dir eine Zahl, subtrahiere 24, so erhältst du 19.		
b)	Denke dir eine Zahl, dividiere sie durch 15, du erhältst 14.		
c)	Multipliziere eine gedachte Zahl mit 7, addiere 24 und du erhältst 52.		
d)	Wenn man eine gedachte Zahl durch 3 dividiert und 4,5 subtrahiert, so erhält man 1.		

3 Was gehört zusammen? Bestimme x.

a	b	c	d	e
$x : 5 + 8 = 11$	$4 \cdot x - 6 = 22$	$3 \cdot x + 7 = 19$	$5 \cdot x - 8 = 11$	$x : 3 - 12 = 21$

A Vermindere den dritten Teil einer Zahl um 12, du erhältst 21.

B Subtrahiere 6 vom Vierfachen einer Zahl, du erhältst 22.

C Addiere 7 zum Dreifachen einer Zahl, du erhältst 19.

D Wenn du den fünften Teil einer Zahl um 8 vermehrst, so erhältst du 11.

A		x =	B		x =	C		x =	D		x =

Sachaufgaben mit Gleichungen

1 Benjamin kauft zu seiner Modelleisenbahn zwei ICE-Waggons 2. Klasse und einen ICE-Waggon 1. Klasse. Der Verkäufer stellt eine Rechnung über 168 € aus. Wie viel Euro kostet ein Waggon 2. Klasse?

Gleichung: ______________________

Gleichung lösen

Antwort: Ein Waggon 2. Klasse kostet __ €.

2 Philipp spart für ein ICE-Set zu 308 €. Er hat jeden Monat 18 € gespart. Seine Großeltern geben ihm den Rest von 38 € dazu. Wie viele Monate hat er gespart?

Sparbetrag aus x Monaten	*Betrag der Großeltern*	*gesamt*
________	________	________

Gleichung: ______________________

Gleichung lösen

Antwort: ______________________

____

3 Frau Liske geht mit 28 Schülerinnen und Schülern der Klasse 7a zum Schwimmen. Der Eintritt für die Lehrerin beträgt 3 €. Insgesamt muss Frau Liske 59 € bezahlen. Wie viel € muss sie von jedem Schüler einsammeln?

Eintritt für 28 Schüler	*Eintritt für die Lehrerin*	*zusammen*
________	________	________

Gleichung: ______________________

Gleichung lösen

Antwort: ______________________

4 Leonie schlachtet ihr Sparschwein. Sie kauft sich einen Diskman für 63,80 € und 3 CDs. Sie bezahlt 101 €. Wie teuer ist eine CD?

Preis für Diskman	*Preis für 3 CDs*	*zusammen*
________	________	________

Gleichung: ______________________

Gleichung lösen

Antwort: ______________________

Mach dich fit!

1 Setze für den Platzhalter die Zahlen ein und berechne den Wert der Terme.

	a) $100 - y$	b) $12 \cdot z - 10$	c) $3 \cdot b + 7 \cdot b$
2			
3			
4			
6			

2 Vereinfache die Terme.

a) $4 \cdot x + 5 \cdot x =$ ____________ b) $9 \cdot y + 4 \cdot y - 2 \cdot y =$ ____________

c) $7 \cdot a + 5 - a - 2 =$ ____________ d) $z + 8 \cdot a - z - 3 \cdot a =$ ____________

3 Löse die Gleichungen und mache die Probe.

a) $147 + x = 213$ b) $369 = z - 86$ c) $12 \cdot y = 8{,}4$

Probe:

4 Löse die Gleichungen und mache die Probe.

a) $15 \cdot x + 72 = 207$ b) $y : 3 - 19 = 18$ c) $5 \cdot z + 1{,}8 = 20{,}3$

Probe:

5 Wie heißt die gedachte Zahl? Übersetze den Text in einen Term. Löse die Gleichung.

Denke dir eine Zahl,
multipliziere sie mit 7,
subtrahiere 23,
du erhältst 68.

Antwort: ____________

6 Anna besorgt ein Brot zu 2,25 € und 8 Brötchen. Insgesamt bezahlt sie 5,05 €. Wie teuer ist ein Brötchen?

Gleichung: ____________

Antwort: ____________

Volumen von Würfel und Quader

1

A

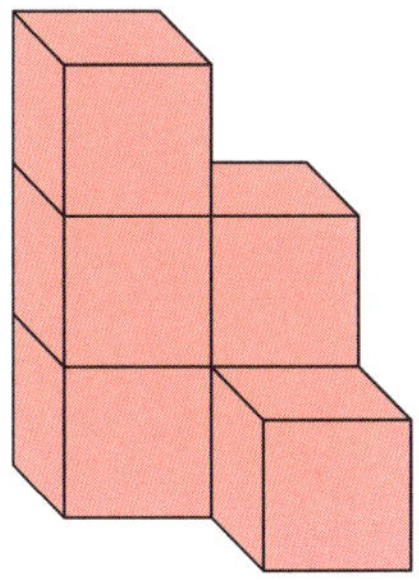

B

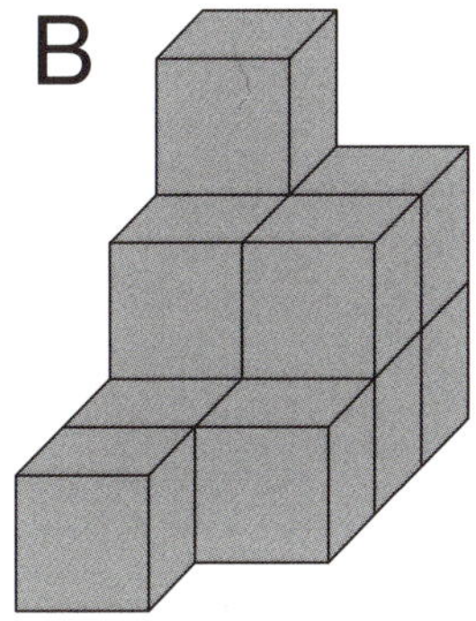

C

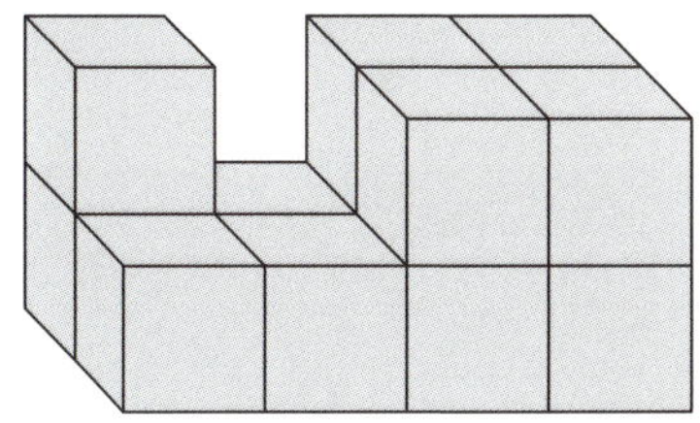

D

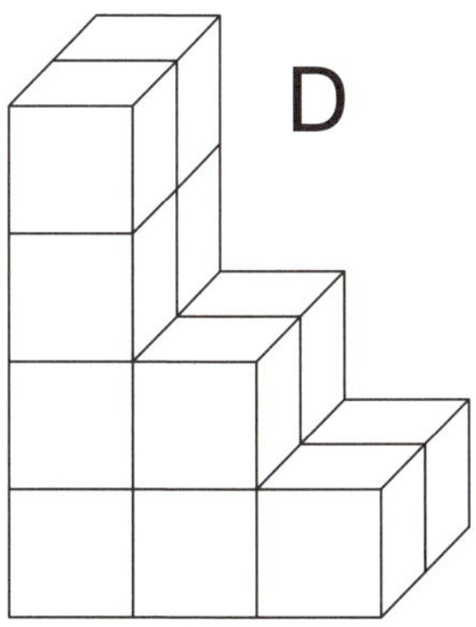

E

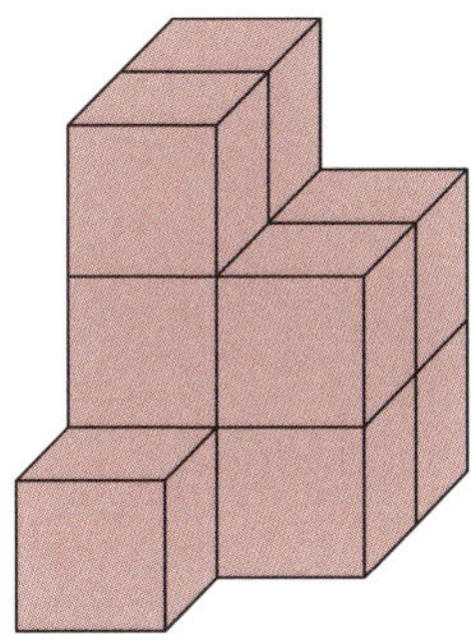

	A	B	C	D	E
a)					
b)					
c)					

a) Bestimme die Anzahl der kleinen Würfel in jedem Körper.
b) Ergänze die Körper zu Quadern. Wie viele kleine Würfel musst du jeweils hinzufügen?
c) Ergänze die Körper zu Würfeln. Wie viele kleine Würfel fehlen jeweils?

2 Berechne den Rauminhalt der Quader.

Maße in cm

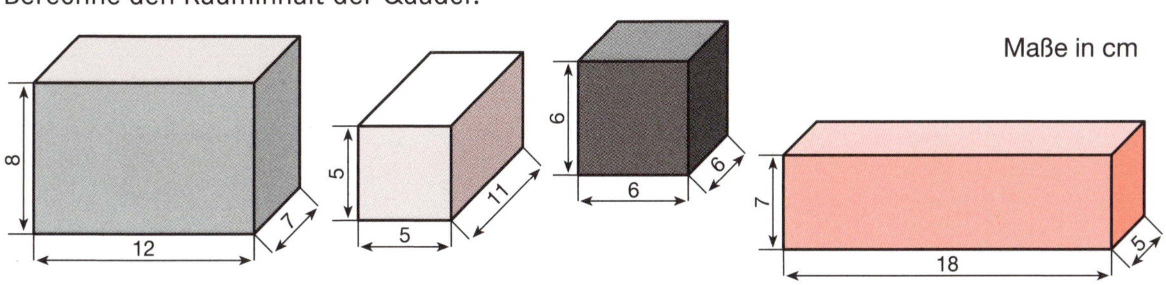

______________ ______________ ______________ ______________

______________ ______________ ______________ ______________

3 Berechne die fehlenden Werte.

	a)	b)	c)	d)	e)	f)	g)	h)
a	5 cm	12 dm	2,5 dm	2,5 m	4 dm	6 cm		4 cm
b	5 cm	6 dm	12 dm	4 m		8 cm	8 m	
c	5 cm	5 dm	10 dm	7 m	1,5 dm		9 m	4 cm
V					$18\ dm^3$	$240\ cm^3$	$720\ m^3$	$64\ cm^3$

Oberfläche von Würfel und Quader

1

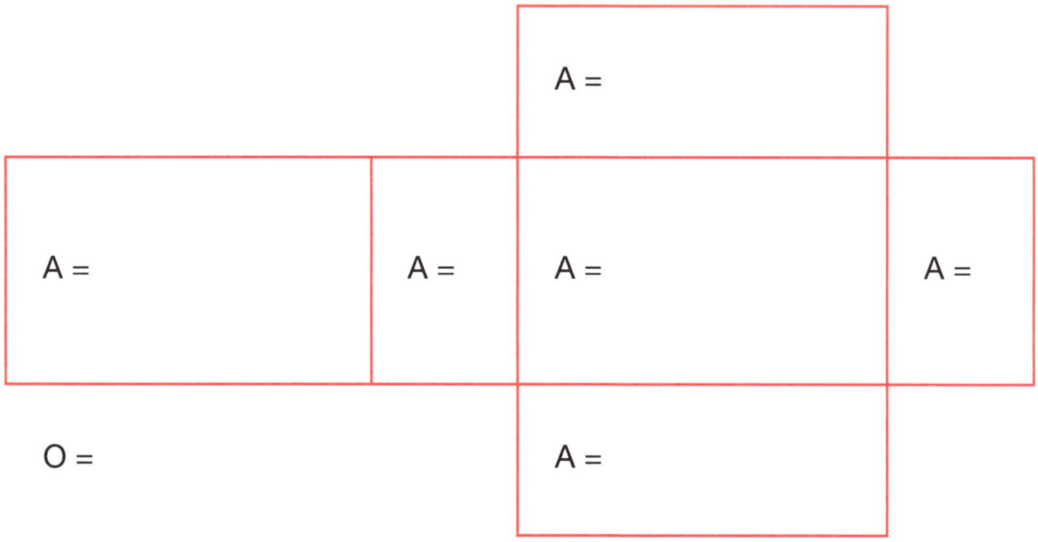

O =

a) Miss alle Kantenlängen und bemaße das Quadernetz.
b) Berechne den Flächeninhalt der Teilflächen.
c) Aus dem Quadernetz wird ein Quader gebaut. Wie groß ist seine Oberfläche?

2 Cornelia faltet die Pappe und klebt sie zu einer Schachtel zusammen. Sie überzieht die Schachtel außen und innen mit einer Zierfolie. Wie viel cm^2 Folie benötigt sie?

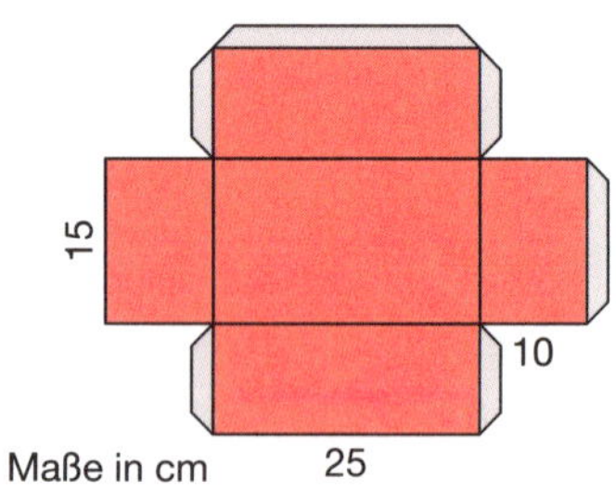

3 Berechne die Oberfläche der Quader.

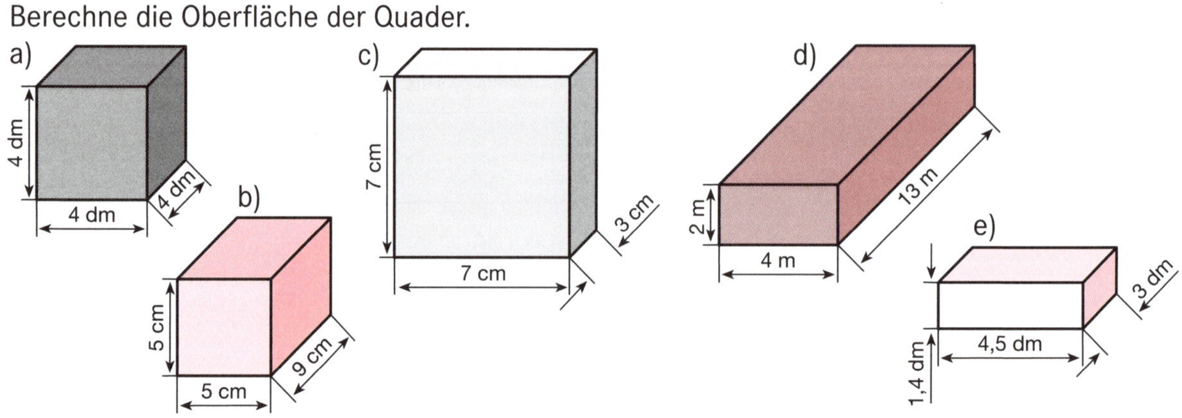

4 Welche Oberfläche haben folgende Würfel?

a) a = 7 cm ______________________ b) a = 9 dm ______________________

c) a = 25 mm ______________________ d) a = 100 cm ______________________

e) a = 0,5 m ______________________ f) a = 2,5 dm ______________________

Raummaße

1 Ordne zu.

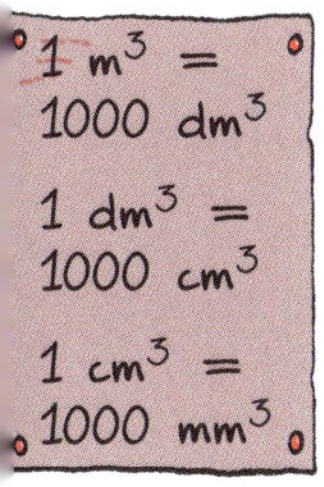

2

a)

Verwandle in die angegebene Raumeinheit:	
95 dm^3 =	cm^3
7 m^3 =	dm^3
4000 cm^3 =	dm^3
12 000 cm^3 =	m^3

b)

Verwandle in die nächstkleinere Raumeinheit:
8 cm^3 =
36 dm^3 =
300 m^3 =
0,500 cm^3 =

c)

Verwandle in die nächstgrößere Raumeinheit:
6000 mm^3 =
13 000 cm^3 =
7500 dm^3 =
250 mm^3 =

3 Ordne zu.

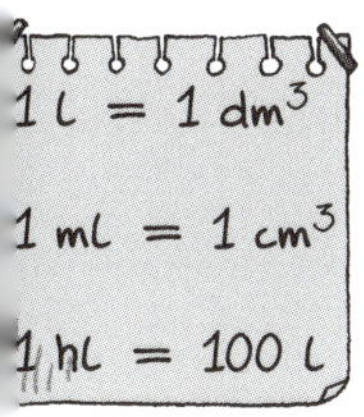

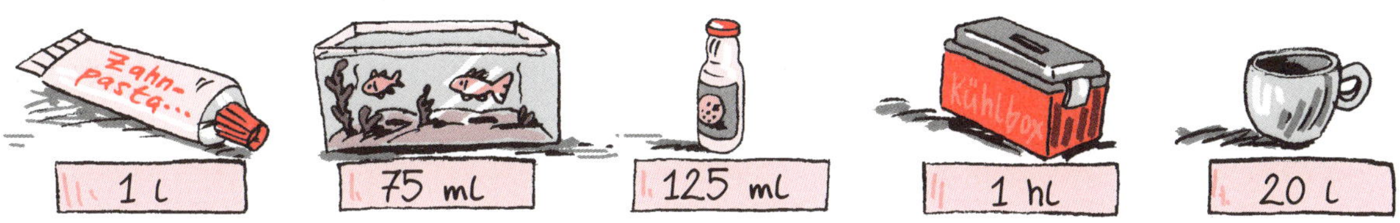

4 Verwandle in die angegebenen Raumeinheiten.

a)

3,6 *l* =	ml
$\frac{1}{4}$ *l* =	ml
4500 ml =	*l*
250 ml =	*l*

b)

5,2 hl =	*l*
$\frac{1}{2}$ hl =	*l*
650 *l* =	hl
75 *l* =	hl

c)

$\frac{3}{4}$ m^3=	*l*
200 cm^3 =	*l*
3 m^3 =	hl
85 000 cm^3 =	hl

5 Was gehört zusammen? Verbinde.

7,034 dm^3

7 *l* 300 ml

9010 dm^3

7 dm^3 34 cm^3

5 hl 8 *l*

910 dm^3

5 *l* 80 ml

0,073 hl

5080 ml

9,1 hl

508 *l*

9 m^3 10 dm^3

6 Ordne die Rauminhalte der Größe nach. Setze <.
22 050 dm^3; 25 *l* 2 ml; 2$\frac{1}{2}$ m^3; 250 hl; 225 dm^3; 2,5 *l*; 20 050 mm^3; 2005 cm^3; 20 500 *l*; 20 hl 50 *l*

Mit Raumeinheiten rechnen

1 Verbinde mit dem richtigen Ergebnis.

a)
- $12\ dm^3 + 98\ cm^3$
- $1\ m^3 + 20\ dm^3$
- $12\ cm^3 + 8000\ mm^3$
- $13\ cm^3 - 980\ mm^3$
- $22\ cm^3 - 1800\ mm^3$
- $2\ dm^3 - 2\ cm^3$

Ergebnisse:
- $1020\ dm^3$
- $2002\ dm^3$
- $1998\ cm^3$
- $12\,098\ cm^3$
- $20\,200\ mm^3$
- $20\,000\ mm^3$
- $12\,020\ mm^3$

b)
- 598 ml + $\frac{1}{4}$ *l*
- 31 *l* + 55 000 ml
- 89 *l* + 7 hl 67 *l*
- 1 hl – 16 *l*
- $1\frac{1}{2}$ l – 616 ml
- 20 hl – 1188 *l*

Ergebnisse:
- 84 *l*
- 884 ml
- 860 ml
- 856 *l*
- 812 *l*
- 848 ml
- 86 *l*

2 Ergänze auf den grau angegebenen Rauminhalt.

$1\ dm^3$	1 *l*	$1\ m^3$	1 hl	1 ml	$1\ cm^3$
$53\,000\ mm^3$	125 ml	$9200\ cm^3$	12 000 ml	$1\ mm^3$	$27\ mm^3$

3 Autofirmen bauen in ihre Modelle verschiedene Motoren. Die Motoren bestehen aus mehreren Zylindern mit jeweils gleichem Hubraum. Ergänze die Tabelle.

Modell	Kleinwagen	Mittelklasse-wagen	Turbodiesel	Luxus-limousine	Sportwagen
Hubraum	$798\ cm^3$	2,198 *l*			$3600\ cm^3$
Zylinderzahl	3		5	12	
Hubraum eines Zylinders		$549{,}5\ cm^3$	0,487 *l*	$448{,}25\ cm^3$	0,6 *l*

4 Ein Blauwalbaby trinkt täglich 500 *l* Milch.

a) Wie viele $\frac{1}{4}$-Liter-Flaschen wären das?

b) Die Schule erhält die Milch in Getränkekisten mit 24 Flaschen. Wie viele Kisten braucht man für 500 *l*?

c) Eine Getränkekiste hat einen Rauminhalt von $24\ dm^3$. Welchen Rauminhalt nimmt der Tagesbedarf eines Walbabys ein?

d) Ein Walbaby wird 8 Monate lang gesäugt. Stell dir vor, die Milch würde in Getränkekisten in Klassenräumen von $160\ m^3$ gelagert. Wie viele Klassenräume müssten für die Lagerung der Milch vorgesehen werden?

MACH DICH FIT!

1 Berechne den Rauminhalt und die Oberfläche.

a)

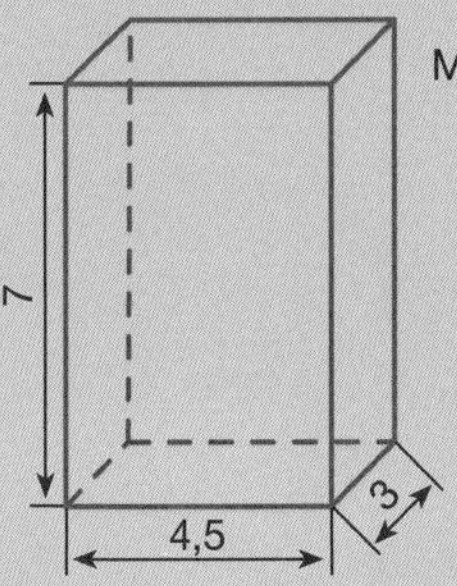

b)

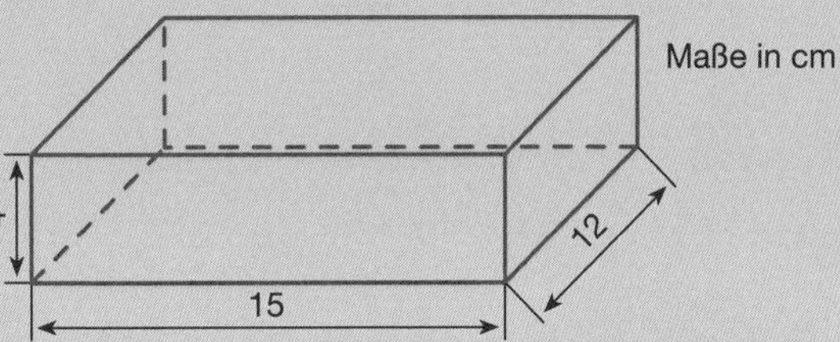

c)

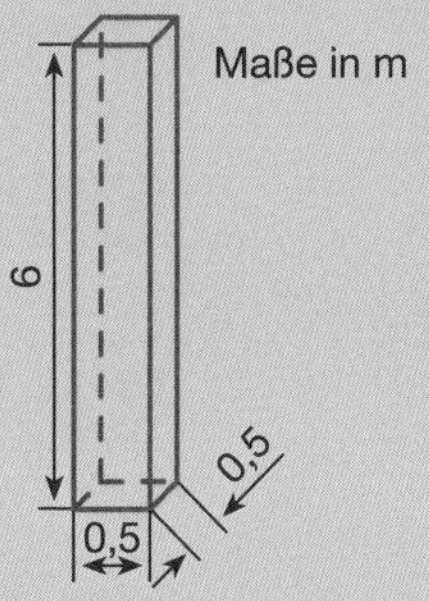

2 Berechne die fehlenden Werte. Achte auf die Einheiten.

	a)	b)	c)	d)	e)	f)	g)	h)
a	14 cm	4,5 dm	6 m	13,8 cm	5 dm	40 cm		
b	7 cm	6 dm	25 dm	0,5 dm		30 cm	8,5 dm	2,5 m
c	8 cm	50 cm	2 m	8,4 cm	5 dm		25 dm	3,5 m
V					125 dm³	30 dm³	1,36 m³	105 m³
O								

3

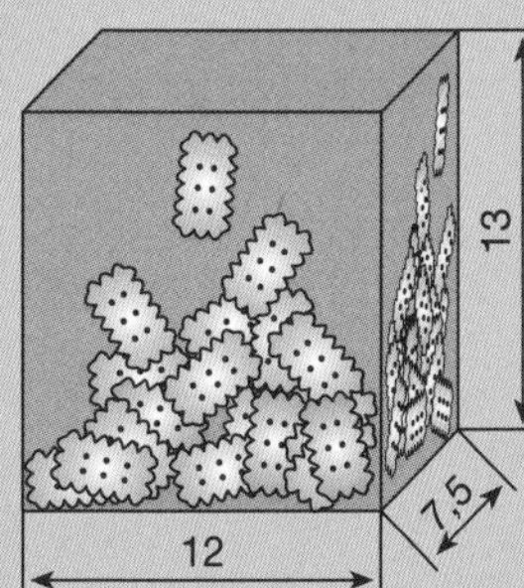

a) Susanne will ein Aquarium kaufen, das mindestens 250 *l* Wasser fassen kann. Soll sie das abgebildete Aquarium kaufen?

____

b) In einer Kartonfabrik werden von jeder Größe 50 000 Stück hergestellt. Für Klebefalze werden 3 % der Oberfläche benötigt. Wie viel Quadratmeter Karton werden insgesamt benötigt?

4 Gib in der angegebenen Einheit an.

a) $7{,}5\ m^3$ = ________ dm^3 b) $0{,}400\ dm^3$ = ______ cm^3 c) 1,6 hl = ________ *l*

5 Ordne der Größe nach. Verwende das Zeichen <.
78 *l* 5 ml; $7850\ cm^3$; $\frac{3}{4}$ hl; $78{,}05\ dm^3$; $7{,}5\ m^3$; 78 500 ml

____

6 Ergänze auf den angegebenen Rauminhalt.

a) $98\ dm^3$ + ______ = $1\ m^3$ b) 75 ml + ______ = 1 *l* c) 42 000 ml + ____ = 1 hl

S. 1

1. a) $\frac{4}{5}$ | $\frac{1}{5}$ b) $\frac{5}{8}$ | $\frac{3}{8}$ c) $\frac{2}{4}$ | $\frac{2}{4}$ d) $\frac{4}{9}$ | $\frac{5}{9}$ e) $\frac{4}{8}$ | $\frac{4}{8}$ f) $\frac{2}{4}$ | $\frac{2}{4}$
g) $\frac{2}{3}$ | $\frac{1}{3}$ h) $\frac{5}{6}$ | $\frac{1}{6}$ i) $\frac{4}{12}$ | $\frac{8}{12}$ k) $\frac{2}{8}$ | $\frac{6}{8}$ l) $\frac{3}{9}$ | $\frac{6}{9}$

2. 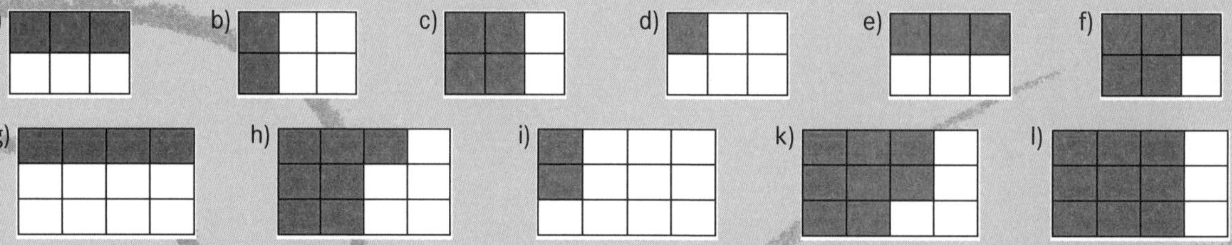

3. a) 8 kg; 27 kg; 28 kg; 45 kg; 66 kg b) 48 ha; 36 a; 45 km²; 84 m²; 16 ha
c) 54 km; 72 m; 39 dm; 105 cm; 95 mm

S. 2

1. a) 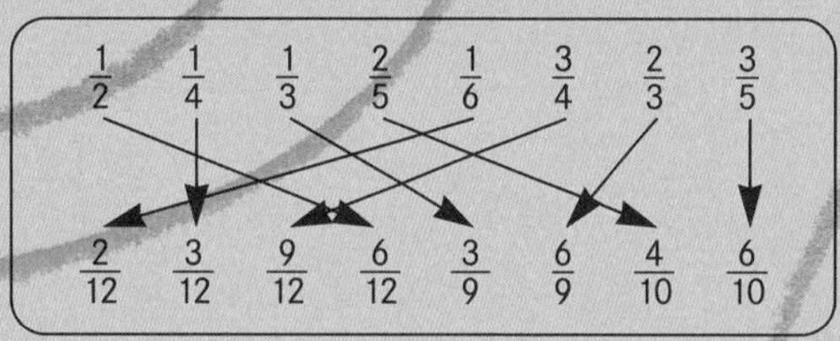

b) 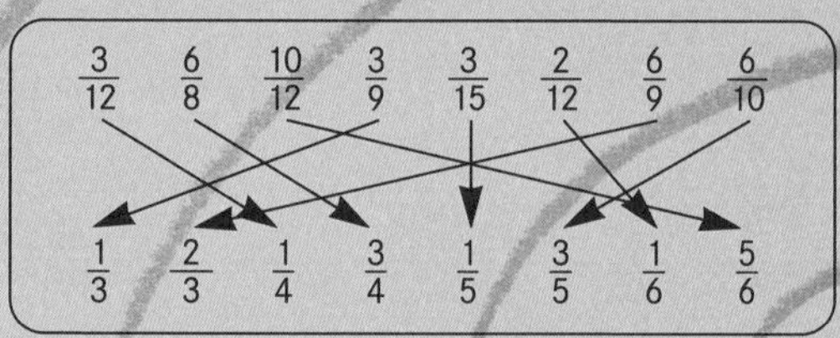

2. a) $\frac{3}{6}$; $\frac{9}{12}$; $\frac{12}{21}$ b) $\frac{15}{25}$; $\frac{25}{35}$; $\frac{35}{40}$ 3. $\frac{8}{18}$; $\frac{12}{18}$; $\frac{14}{21}$; $\frac{12}{21}$; $\frac{14}{24}$; $\frac{18}{24}$; $\frac{14}{30}$;

4. a) $\frac{3}{6}$; $\frac{7}{13}$; $\frac{9}{16}$ b) $\frac{2}{3}$; $\frac{4}{5}$; $\frac{6}{7}$ 5. a) $\frac{3}{4}$; b) $\frac{2}{3}$; c) $\frac{2}{3}$; d) $\frac{7}{2}$

6. $\frac{3}{4}$ $<$ $\frac{7}{8}$ $\frac{5}{6}$ $>$ $\frac{7}{12}$ $\frac{3}{5}$ $>$ $\frac{1}{4}$ $\frac{3}{7}$ $<$ $\frac{2}{3}$ $\frac{7}{18}$ $<$ $\frac{5}{12}$ $\frac{8}{15}$ $<$ $\frac{7}{9}$

S. 3

1. a) $\frac{3}{4}$ b) $\frac{2}{3}$ c) $\frac{4}{3}$ d) $\frac{7}{2}$ e) $\frac{4}{5}$ f) $\frac{1}{2}$ g) $\frac{1}{3}$ h) $\frac{1}{3}$

2. a) $1\frac{1}{4}$ b) $1\frac{1}{2}$ c) $1\frac{3}{8}$ d) $\frac{1}{4}$ e) $1\frac{1}{4}$ f) $2\frac{1}{2}$

3. a) $1\frac{2}{9}$; $\frac{5}{8}$; $2\frac{2}{3}$; $\frac{1}{6}$ b) $1\frac{13}{18}$; $\frac{5}{8}$; $2\frac{7}{8}$; $\frac{7}{15}$ c) $1\frac{19}{28}$; $\frac{7}{15}$; $2\frac{27}{40}$; $1\frac{1}{12}$

4. a) $6\frac{1}{3}$ b) $7\frac{5}{8}$ c) $14\frac{2}{9}$ d) $13\frac{5}{24}$ 5. a) $2\frac{1}{3}$ b) $5\frac{1}{2}$ c) $2\frac{5}{7}$ d) $2\frac{1}{3}$

S. 4

1. a) $1\frac{1}{5}$; $3\frac{1}{2}$; $2\frac{5}{8}$; $1\frac{2}{3}$ b) 6; 12; $2\frac{2}{3}$; 2 c) $4\frac{1}{2}$; $7\frac{1}{2}$; $1\frac{1}{2}$; $5\frac{5}{6}$

2. a) $\frac{1}{3}$; $\frac{2}{7}$; $\frac{2}{9}$; $\frac{2}{15}$ b) $\frac{3}{20}$; $\frac{4}{21}$; $\frac{5}{32}$; $\frac{7}{45}$ c) $\frac{1}{2}$; $\frac{3}{10}$; $2\frac{1}{4}$; $\frac{4}{9}$

3. a) $\frac{5}{16}$ kg; $\frac{9}{40}$ kg; $\frac{1}{10}$ kg b) $\frac{1}{4}$ h; $\frac{3}{20}$ h; $\frac{1}{24}$ h c) $10\frac{1}{2}$ *l*; 21 *l*; 8 *l*

S. 5

1. a) $\frac{1}{6}$ b) $\frac{2}{7}$ c) $1\frac{1}{20}$ d) $2\frac{2}{3}$ e) $\frac{2}{5}$ f) $\frac{1}{28}$

2. a) $1\frac{1}{8}$ b) $1\frac{1}{9}$ c) $2\frac{1}{4}$ d) $6\frac{2}{3}$ e) $4\frac{1}{5}$ f) $3\frac{1}{5}$ g) 6 h) $5\frac{4}{7}$

3. a) $\frac{1}{2}$; $2\frac{11}{12}$; $1\frac{1}{35}$ b) $4\frac{1}{6}$; $2\frac{1}{7}$; 6 4. a) $\frac{2}{3}$ b) $\frac{7}{20}$ c) 20 d) 63

5. a) $\frac{3}{4}$; $\frac{5}{9}$; $1\frac{1}{2}$; $16\frac{2}{3}$; 18 b) $2\frac{2}{5}$; 2; 36; $1\frac{2}{3}$; $2\frac{1}{5}$

S. 6

1. a) $\frac{20}{24}$; $\frac{10}{45}$; $\frac{12}{18}$; $\frac{138}{90}$ b) $\frac{3}{5}$; $\frac{3}{5}$; $\frac{16}{7}$; $\frac{14}{5}$

2. a) 52 kg b) 1000 km c) 120 hl d) 14 h e) 250 t f) 2700 m

3. a) $2\frac{11}{12}$ b) $1\frac{1}{18}$ c) 20 d) $\frac{3}{4}$ e) $\frac{4}{9}$ f) $8\frac{1}{4}$
$3\frac{23}{24}$ $1\frac{7}{48}$ $13\frac{1}{2}$ $\frac{9}{4}$ $\frac{4}{27}$ $5\frac{5}{14}$

4. 50 Flaschen

5. Claudia: 1,53 m Carsten: 1,70 m

6. $1\frac{1}{8}$ *l*

7. a) $1\frac{1}{10}$ km b) $9\frac{23}{30}$ km

S. 7

1. $\frac{4}{10}$; 0,4; $\frac{20}{50}$; $\frac{8}{20}$; $\frac{2}{5}$
1,25 ; $\frac{125}{100}$; $\frac{50}{40}$; $\frac{5}{4}$; $\frac{10}{8}$
0,75 ; $\frac{3}{4}$; $\frac{12}{16}$; $\frac{6}{8}$; $\frac{75}{100}$
0,25 ; $\frac{1}{4}$; $\frac{2}{8}$; $\frac{10}{40}$; $\frac{25}{100}$
$\frac{3}{2}$; $\frac{6}{4}$; $\frac{15}{10}$; 1,5; $\frac{30}{20}$

2. a) 0,9; 7,3; 5,3; 92,7; 0,07; 0,87
b) 1,69; 2,37; 0,009; 0,471; 8,327; 13,037

3. a) 0,8; 0,35; 0,65; 1,72
b) 0,34; 0,375; 0,755; 0,024

4. a) 3,05 m; 8,79 m; 4,89 dm b) 875 m; 15,08 km; 37,67 km c) 2,04 m^2; 0,7903 m^2; 33,45 cm^2
d) 78,62 hl; 21,15 hl; 12,03 hl e) 57,85 t; 6055 kg; 4,009 t

S. 8

1. a) 1,5; 3,9; 10,9 b) 2,4; 1,7; 3,3 c) 8,81; 8,85; 6,88 d) 1,09; 2,45; 1,11

2. a) 6497,851 b) 1626,27 c) 139,586

3. a) 70,955 b) 114,625 c) 24,398 d) 9466,722

4. a) 107,575 b) 92,435 c) 6,025 d) 89,677

5.

Säfte	3,99	Wurst	7,24	Kalbfleisch	13,99
Gemüse	6,43	Käse	8,79	Kaffee	5,82
Eier	1,17	Summe	17,88	Summe	23,32
Rückgeld	8,41	Bar	50,00	Rückgeld	1,68

S. 9

1. a) 3,5; 75; 0,3; 940 b) 61,7; 5400; 3080; 209

2. a) 24; 140; 7,5; 6,3; 4,8
b) 150; 205; 10; 5,6

3. a) 0,28; 0,72 b) 0,018; 0,015 c) 0,78; 0,12

4. a) 30,94
b) 28,89
c) 55,8256

5. 2 Cent: 83,5 mm 153 g
20 Cent: 85,6 mm 229,6 g
2 €: 55 mm 212,5 g

6. a) 3,57 € 107,5 g
b) 9,02 € 181,26 g

S. 10

1. a) 0,08; 2,77; 0,239 b) 0,0044; 0,0513; 0,00017

2. a) 90; 0,2; 6,5; 0,51 b) 80; 335; 60; 90

3. a) 6
b) 1,68
c) 5,25

4. Zaunnägel: 349 St. Drahtstifte: 197 St.
Stahlstifte: 263 St. Schlitzschrauben: 403 St.
Kreuzschlitzschrauben: 241

5. Fruchtsaft: 3000 Fl. Limo: 1500 Fl.
Sprudel: 4000 Fl. Apfelsaft: 3250 Fl.

S. 11

1. a) 52,365 b) 1,155 c) 1,885 d) 1,674

2. a) 425,88; 203,75 b) 20,445; 15,6 c) 700; 70 d) 4,8; 26 e) 5,7; 10,75

3. Summe: 547,73 € Bar 550 €

4. a) 22,45 € b) 43,44 € c) 14,93 €

5. a) ~2 Cent b) ~ 0,8 mm

Lösungen

S. 12

1. a) 3-mal b) 8.15 Uhr; 8.20 Uhr c) 40 km d) 8.20 Uhr; 50 min e) 8.40 Uhr
   f) 9.15 Uhr g) 8.45 Uhr; 45 km

2. Tabelle 12. Februar
   12.00 - 38,4 °C
   16.00 - 39,7 °C
   20.00 - 40,4 °C

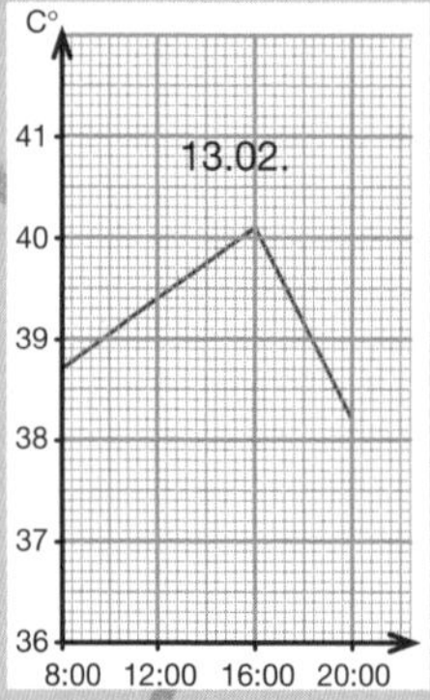

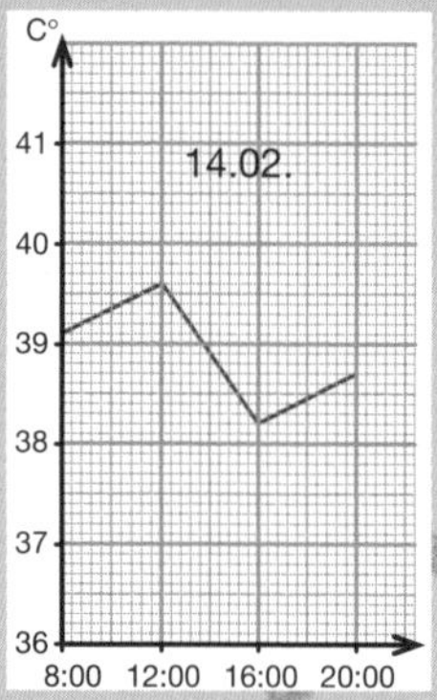

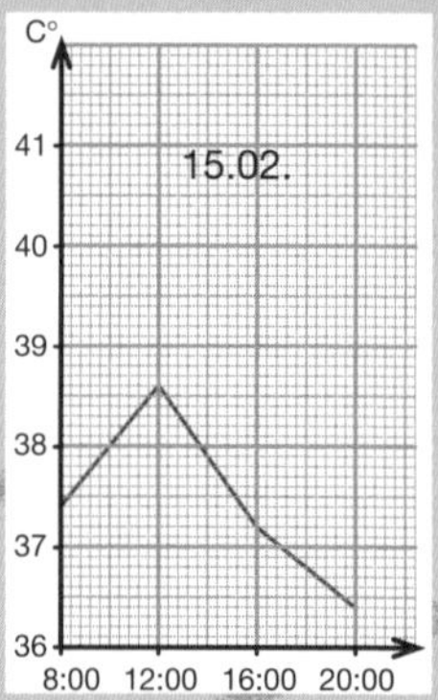

S. 13

1.

Brötchen

Anzahl	Preis (€)
1	0,30
2	0,60
3	0,90
4	1,20
5	1,50
6	1,80
7	2,10
8	2,40

Wurstbrötchen

Anzahl	Preis (€)
1	0,75
2	1,50
3	2,25
4	3,00
5	3,75
6	4,50
7	5,25
8	6,00

Orangensaft

Anzahl	Preis (€)
1	0,85
2	1,70
3	2,55
4	3,40
5	4,25
6	5,10
7	5,95
8	6,80

Milchflaschen

Anzahl	Preis (€)
1	0,55
2	1,10
3	1,65
4	2,20
5	2,75
6	3,30
7	3,85
8	4,40

2.

Pauseneinkauf der 7a

Anzahl	Preis (€)
10 Brötchen	3,00
5 Orangensaft	4,25
8 Milchflaschen	4,40
7 Wurstbrötchen	5,25
Summe	16,90

Pauseneinkauf der 7b

Anzahl	Preis (€)
6 Wurstbrötchen	4,50
7 Milchflaschen	3,85
3 Orangensaft	2,55
6 Brötchen	1,80
Summe	12,70

Pauseneinkauf der 7c

Anzahl	Preis (€)
4 Orangensaft	3,40
3 Wurstbrötchen	2,25
5 Brötchen	1,50
6 Milchflaschen	3,30
Summe	10,45

3.

Brezel	Preis (€)
2	0,80
4	1,60
8	3,20

Äpfel	Preis (€)
3	1,20
6	2,40
12	4,80

Pudding	Preis (€)
2	1,20
6	3,60
18	10,80

Jogurt	Preis (€)
1	0,50
3	1,50
9	4,50

Baguette	Preis (€)
2	0,80
8	3,20
32	12,80

Orangen	Preis (€)
3	1,50
12	6,00
60	30,00

S. 14

1. 4 → 2,40 €; 1 → 0,60 €; 3 → 1,80 €

2. a) 1 → 0,90; 3 → 2,70
   b) 1 → 0,75; 13 → 9,75
   c) 3 → 12,00; 6 → 24,00
   d) 100 → 0,50; 600 → 3
   e) 50 → 1,00; 125 → 2,50
   f) 600 → 1; 24 000 → 4,00
   g) 1 → 2,10; 9 → 18,90
   h) 1 → 12; 7 → 84
   i) 2 → 48; 1 → 24

3.

Zeit (h)	12	1	5	7	15
Wasser (*l*)	3,6	0,3	1,5	2,1	4,5

4.

Länge (m)	4	1	3	2,5	15
Preis (€)	18	4,5	13,5	11,25	67,5

5.

Zeit (h)	6	2	1	9	37,5
Lohn (€)	51	17	8,5	76,5	318,75

6.

Anzahl	6	1	3	9
Preis (€)	2,40	0,40	1,20	3,60

S. 15

2. a)

Anzahl	Tage
1	16
2	8
4	4
8	2
16	1

b)

Anzahl	Tage
1	18
2	9
3	6
6	3
9	2

c)

Anzahl	Tage
1	40
2	20
4	10
5	8
8	5

d)

Anzahl	Tage
1	48
2	24
3	16
4	12
6	8

3.

Länge (cm)	24	12	8	6	4	2	1
Breite (cm)	1	2	3	4	6	12	24

4.

Gewicht	50	25	150	100	500	250	125
Anzahl	900	1800	300	450	90	180	360

5. Er kann 6 Titel aufnehmen.

S. 16

1. 6 Pf. → 18 T; 1 Pf. → 108 T; 9 Pf. → 12 T

2. a) 5 Bagger → 24 Tage
   b) 20 Teilnehmer → 27 €
   c) 90 € → 16 Urlaubstage
   d) 24 Tiere → 54 Tage
   e) 60 m Länge → 25 m Breite
   f) 60 *l* → 60 Heiztage
   g) 8 Teilnehmer → 49 €
   h) 28 m Länge → 54 m Breite
   i) 36 g → 20 Verpackungen

3.

Länge	8	1	5	6	9	10	15
Anzahl	90	720	144	120	80	72	48

4. a)

Pumpen	3	1	2	8
Zeit	180	540	270	67,5

b)

Zeit	180	1	135	54
Pumpen	3	540	4	10

S. 17

1.

Strecke (km)	400	100	800	600	250	50	700	350	300	150	500
Verbrauch (*l*)	32	8	64	48	20	4	56	28	24	12	40

2. a)

Gewicht (kg)	Preis (€)
2	9,50
4	19,00
12	57,00
16	76,00

b)

Arbeitszeit (h)	Verdienst (€)
40	360
20	180
10	90
5	45

c)

Stück-	Preis (€)
18	48
3	8
9	24
54	144

d)

Länge- (m)	Preis (€)
24	15
72	45
48	30
36	22,50

3. a)

Anzahl	Preis (€)
6	18,60
1	3,10
7	21,70

b)

Stück	Gewicht (kg)
5	10,20
1	2,04
9	18,36

c)

Zeit (h)	Strecke (km)
4	340
1	85
3	255

4.

Anzahl der Buntstifte	Preis (€)
6	2,40
3	1,20
2	0,80
9	3,60
12	4,80

5.

Anzahl der Limonadedosen	Preis (€)
24	9,60
6	2,40
8	3,20
12	4,80
36	14,40

6.

Gewicht (kg)	Preis (€)
1	12,50
1,5	18,75
2,5	31,25
0,5	6,25
0,2	2,50

7. 64 €

Lösungen

S. 18

1. a) 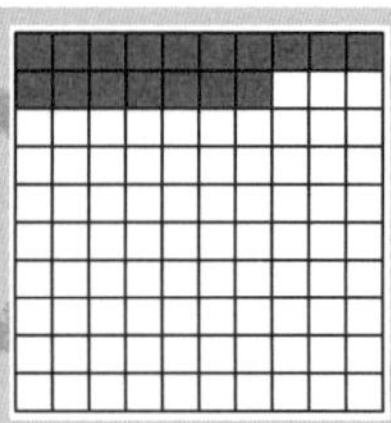 b) 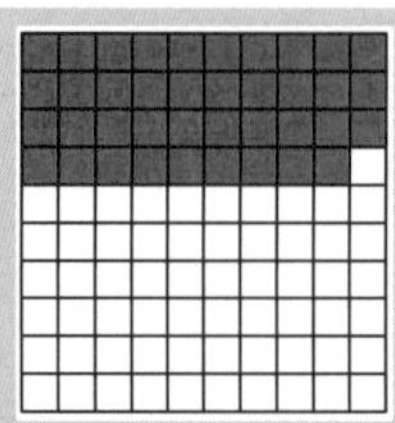 c) 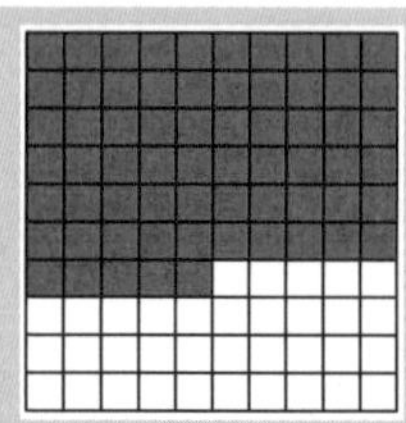 d) 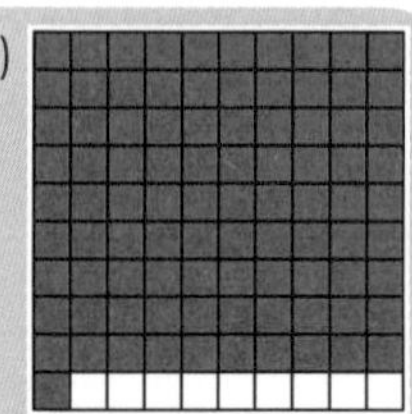

e) 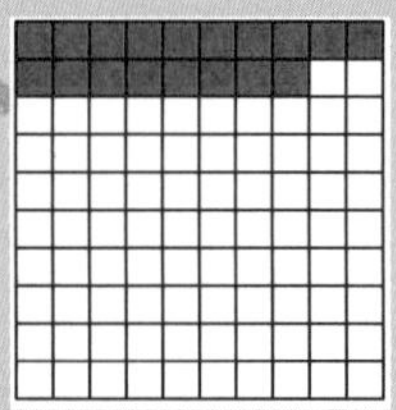 f)  g) 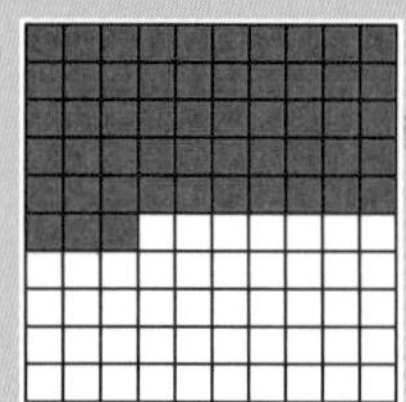 h) 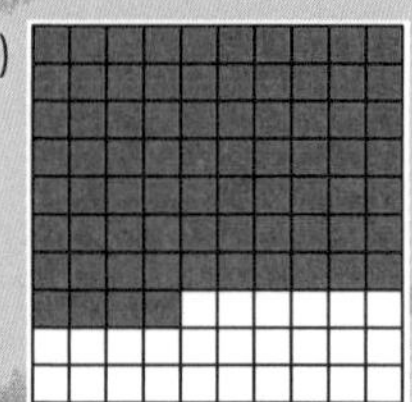

2. a) $\frac{4}{5} = \frac{80}{100} = 80\,\%$ b) $\frac{4}{8} = \frac{50}{100} = 50\,\%$ c) $\frac{6}{8} = \frac{75}{100} = 75\,\%$ d) $\frac{5}{10} = \frac{50}{100} = 50\,\%$ e) $\frac{4}{10} = \frac{40}{100} = 40\,\%$

f) $\frac{8}{20} = \frac{40}{100} = 40\,\%$ g) $\frac{5}{20} = \frac{25}{100} = 25\,\%$

3. Dennis

	monatliches Taschengeld	monatlicher Sparbetrag	Anteil	Bruch	Hundertstel-bruch	Prozent
Sven	25 €	10 €	10 € von 25 €	$\frac{10}{25}$	$\frac{40}{100}$	40 %
Heike	16 €	4 €	4 € von 16 €	$\frac{4}{16}$	$\frac{25}{100}$	25 %
Tina	15 €	3 €	3 € von 15 €	$\frac{3}{15}$	$\frac{20}{100}$	20 %
Dennis	20 €	9 €	9 € von 20 €	$\frac{9}{20}$	$\frac{45}{100}$	45 %
Katja	10 €	3,5 €	3,5 € von 10 €	$\frac{3,5}{10}$	$\frac{35}{100}$	35 %

S. 19

1. a) $\frac{7}{10} = \frac{70}{100} = 70\,\%$
$\frac{17}{20} = \frac{85}{100} = 85\,\%$
$\frac{13}{50} = \frac{26}{100} = 26\,\%$

b) $\frac{56}{200} = \frac{28}{100} = 28\,\%$
$\frac{63}{300} = \frac{21}{100} = 21\,\%$
$\frac{42}{700} = \frac{6}{100} = 6\,\%$

c) $\frac{3}{2} = \frac{150}{100} = 150\,\%$
$\frac{13}{5} = \frac{260}{100} = 260\,\%$
$\frac{37}{25} = \frac{148}{100} = 148\,\%$

2. a) $75\,\% = \frac{3}{4}$
$25\,\% = \frac{1}{4}$
$150\,\% = \frac{3}{2}$

b) $65\,\% = \frac{13}{20}$
$12\,\% = \frac{3}{25}$
$144\,\% = \frac{36}{25}$

c) $54\,\% = \frac{27}{50}$
$72\,\% = \frac{18}{25}$
$225\,\% = \frac{9}{4}$

3. a) 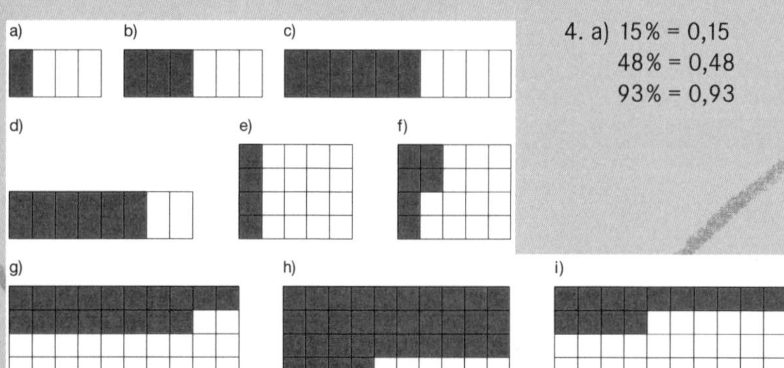

4. a) 15 % = 0,15
48 % = 0,48
93 % = 0,93

b) 5 % = 0,05
8 % = 0,08
2 % = 0,02

c) 142 % = 1,42
375 % = 3,75
205 % = 2,05

Lösungen

S. 20

1. 1 % ≙ 1,35 € $135 \cdot \frac{15}{100} = 20,25$
   15 % ≙ 20,25 €

2. a) 29,6 kg b) 222 m^2 c) 11,776 hl
   d) 47,6 km e) 383,5 m f) 15,96 €

3. a) 17,5 b) 132 c) 30 d) 190 e) 600 f) 7,5 g) 30 h) 72 i) 325 k) 17

S. 21

1. 1 % ≙ 0,9 € $54 \cdot \frac{100}{60} = 90$
   100 % = 90 €

2. a) 1100 € b) 230 € c) 55 € d) 25 €

3. a) 7,5 kg; 50 kg; 56,8 kg
   b) 26 hl; 84 hl; 20 hl

4.
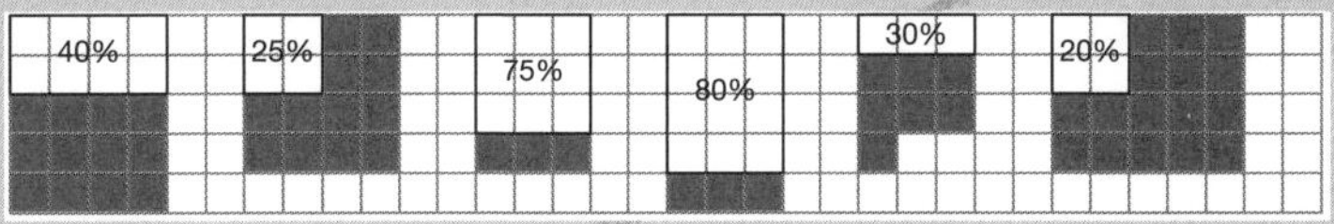

S. 22

1. 1 Sch. ≙ $\frac{100}{28}$ % $7 : 28 = 0,25 = \frac{25}{100} = 25\,\%$
   7 Sch. = 25 %

2. a) 40 % b) 20 % c) 15 % d) 4 % e) 40 % f) 30 %

3. a) 50 % b) 25 % c) 5 % d) 25 % e) 25 % f) $33\frac{1}{3}$ % g) 50 % h) 20 % i) 40 % k) 75 %

S. 23

1.

	a)	b)	c)	d)	e)	f)	g)
Grundwert	200	25 €	28	190	350	24	600
Prozentsatz	4 %	20 %	25 %	10 %	20 %	25 %	30 %
Prozentwert	8	5 €	7	19	70	6	180

2. a) 60 Betten
   b) 68 500 Plätze
   c) 9 %
   d) 4000 €

S. 24

1.

	a)	b)	c)	d)	e)	f)	g)	h)	i)
Bruch	$\frac{35}{50}$	$\frac{16}{25}$	$\frac{17}{5}$	$\frac{4}{5}$	$\frac{8}{25}$	$\frac{7}{4}$	$\frac{14}{25}$	$\frac{9}{20}$	$\frac{1}{25}$
Hundertstel	$\frac{70}{100}$	$\frac{64}{100}$	$\frac{340}{100}$	$\frac{80}{100}$	$\frac{32}{100}$	$\frac{175}{100}$	$\frac{56}{100}$	$\frac{45}{100}$	$\frac{4}{100}$
Dezimalbruch	0,7	0,64	3,4	0,8	0,32	1,75	0,56	0,45	0,04
Prozent	70 %	64 %	340 %	80 %	32 %	175 %	56 %	45 %	4 %

2. a) $\frac{8}{32} = 0,25 = 25\,\%$
   b) $\frac{26}{50} = 0,52 = 52\,\%$
   c) $\frac{75}{125} = 0,6 = 60\,\%$
   d) $\frac{24}{60} = 0,4 = 40\,\%$

3.

	a)	b)	c)	d)	e)	f)	g)	h)	i)
Grundwert	150 kg	600 m	88 €	500 hl	400 m^2	10 000 m^3	950 €	4,8 ha	350 kg
Prozentsatz	12 %	15 %	25 %	35 %	95 %	7,25 %	40 %	75 %	20 %
Prozentwert	18 kg	90 m	22 €	175 hl	380 m^2	725 m^3	380 €	3,6 ha	70 kg

4.

gewählte Sportart	Fußball	Handball	Basketball	Schwimmen	Badminton	Leichtath.
Anteil in Prozent	22 %	15 %	18 %	12 %	20 %	13 %
Anzahl der Schüler	88	60	72	48	80	52

5. a) 36 % b) 30 % c) 20 % d) 20 % f) 15 %

S. 26

1. a)
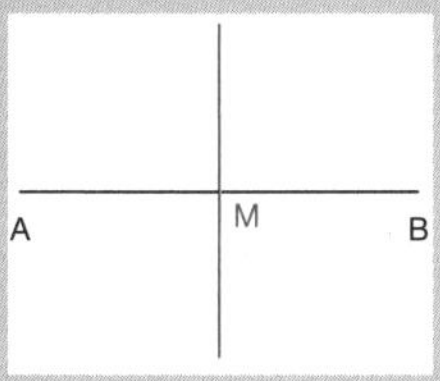

b)
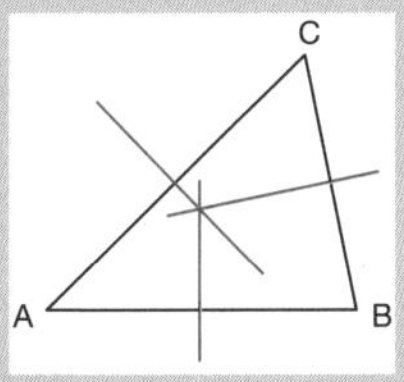

2. a)
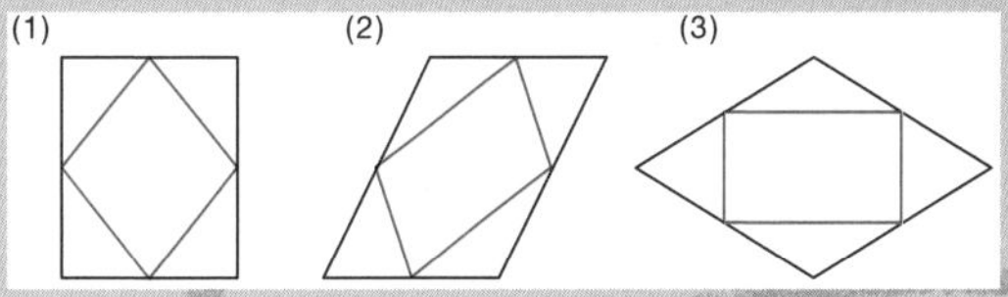

b) Raute Parallelogramm Rechteck

3. a)
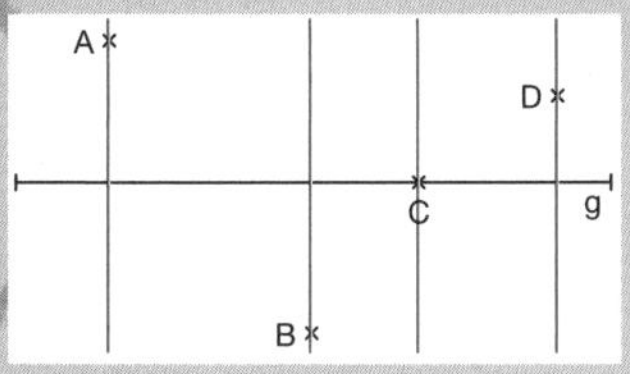

b) parallel

4.
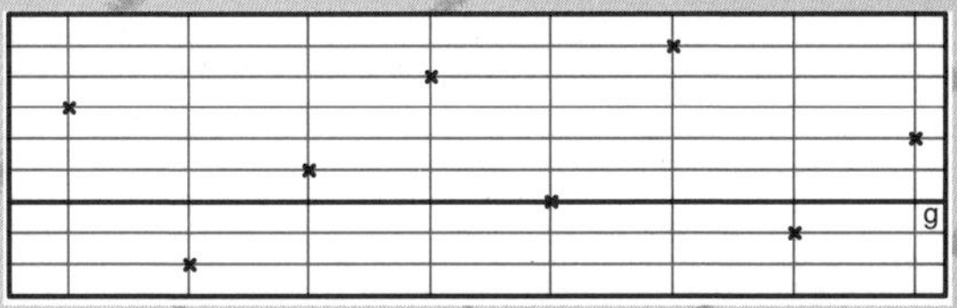

Lösungen

S. 27

1. a)

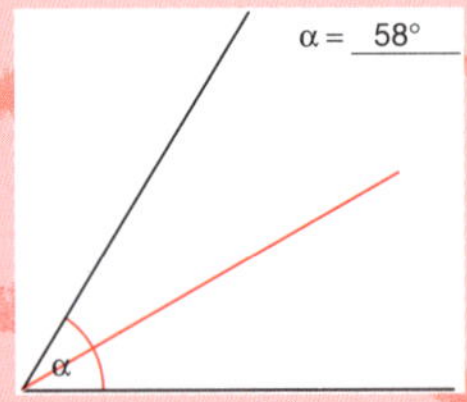

b)

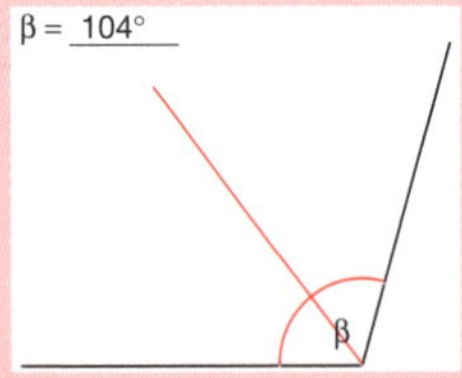

2. a) $\alpha = 74°$; $\beta = 64°$; $\gamma = 42°$

2. b)

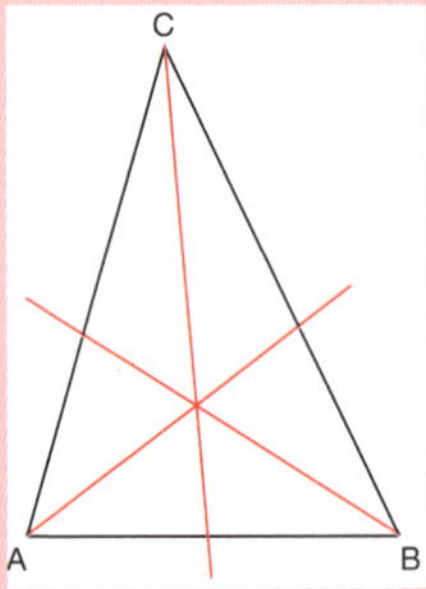

c)

Quadrat

S. 28

1. a)
b)

spitzwinklig	3; 4
rechtwinklig	1
stumpfwinklig	2; 5
zwei gleich lange Seiten	1; 4

c)

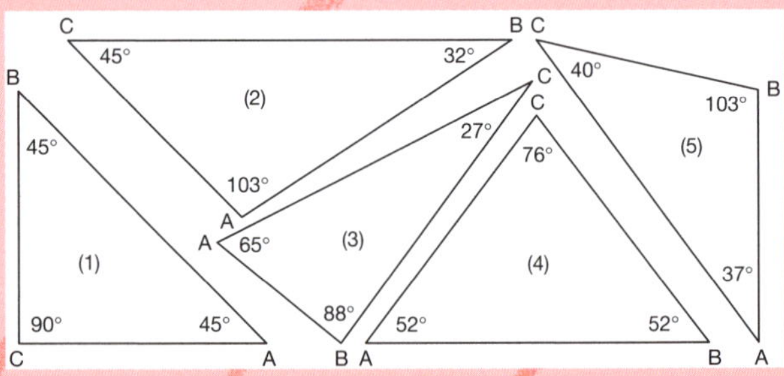

2.

	a)	b)	c)	d)	e)	f)
Winkel α	74°	59°	34°	27°	63°	60°
Winkel β	60°	31°	117°	27°	63°	60°
Winkel γ	46°	90°	29°	126°	54°	60°

3. b) C_3; C_5; C_{11}; C_{13} c) C_8 d) ABC_1: stumpfwinklig; AbC_4: spitzwinklig; ABC_5: rechtwinklig; ABC_6: stumpfwinklig; ABC_9: stumpfwinklig

S. 29

1. a) a = 6,5 cm; b = 6,5 cm; c = 5,5 cm
b) $\alpha = 65°$; $\beta = 65°$; $\gamma = 50°$

a = 7 cm; b = 7 cm; c = 7 cm
$\alpha = 60°$; $\beta = 60°$; $\gamma = 60°$

2.

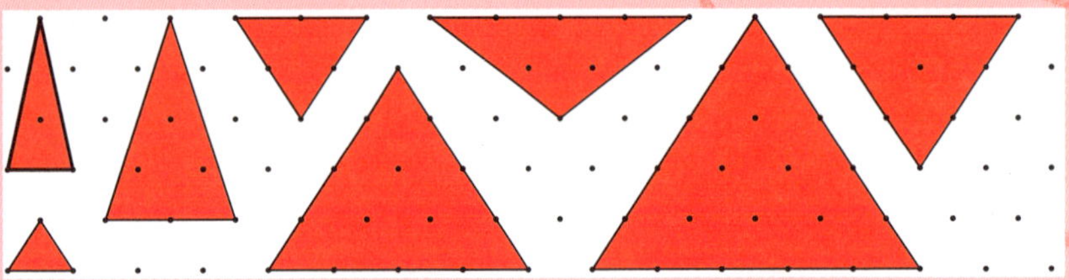

3.

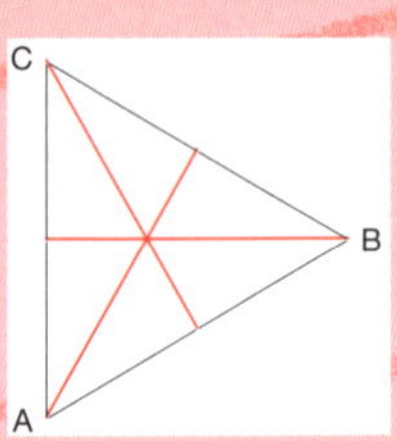

S. 30

1. a)
b)

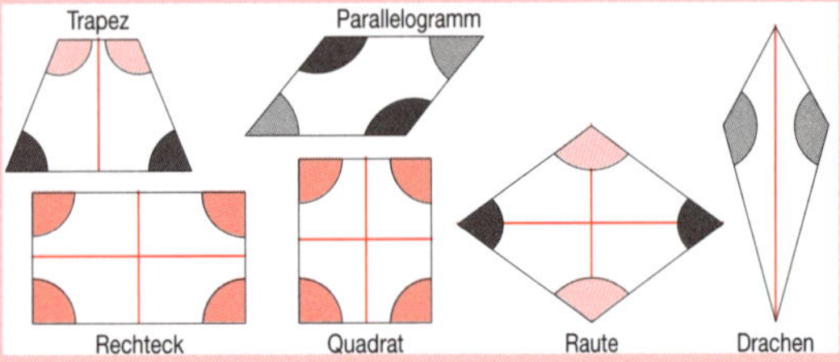

2.

	Drachen	Parallelogramm	Quadrat	Raute	Rechteck	Trapez
Zwei Paar gleich große Winkel		X	X	X	X	
Vier gleich lange Seiten			X	X		
Vier rechte Winkel			X		X	
Mindestens ein Paar paralleler Seiten		X	X	X	X	X
Zwei Paar gleich lange Nachbarseiten	X		X	X		

3. a) b) c)

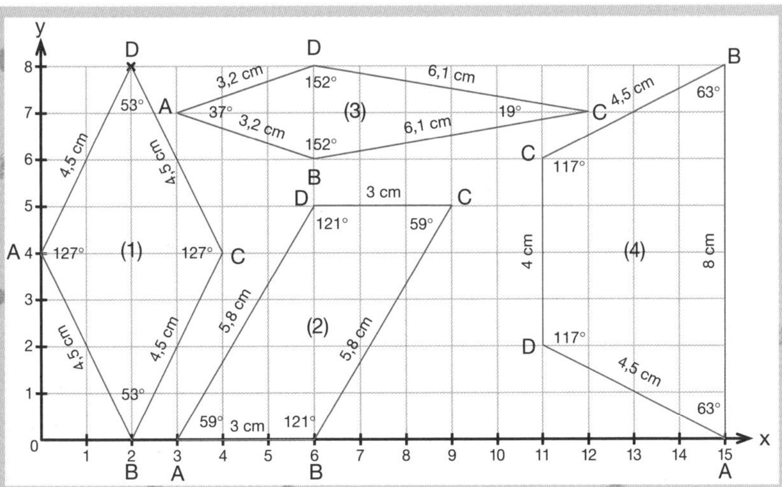

(1) Raute
(2) Parallelogramm
(3) Drachen
(4) Trapez

S. 31

1.

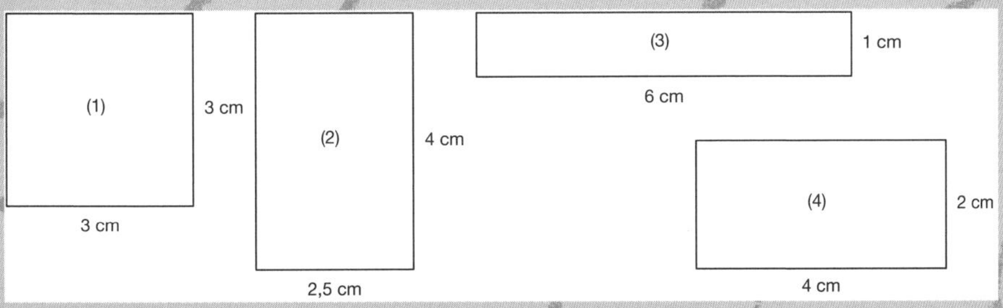

	(1)	(2)	(3)	(4)
b)	A = 9 cm²	A = 10 cm²	A = 6 cm²	A = 8 cm²
c)	u = 12 cm	u = 13 cm	u = 14 cm	u = 12 cm

2. a)

a	2 cm	3 cm	4 cm	6 cm	5 cm	8 cm	10 cm
b	18 cm	12 cm	9 cm	6 cm	7,2 cm	4,5 cm	3,6 cm
u	40 cm	30 cm	26 cm	24 cm	24,4 cm	25 cm	27,2 cm

b)

a	1 cm	2 cm	3 cm	4 cm	5 cm	6 cm
b	11 cm	10 cm	9 cm	8 cm	7 cm	6 cm
A	11 cm²	20 cm²	27 cm²	32 cm²	35 cm²	36 cm²

3.

	a)	b)	c)	d)	e)	f)	g)	h)
a	13 cm	14 dm	60 cm	7 dm	25 cm	20 cm	35 dm	15 m
b	5 cm	14 dm	1,2 m	80 cm	6 cm	12 cm	10 dm	24 m
A	65 cm²	196 dm²	7200 cm² = 0,72 m²	56 dm²	150 cm²	240 cm²	350 dm²	360 m²
u	36 cm	56 dm	3,6 m	30 dm	62 cm	64 cm	90 dm	78 m

4. a)

dm²	cm²	mm²
3	300	30 000
0,84	84	8400
0,0132	1,32	132

b)

a	m²	dm²
0,018	1,8	180
0,0090	0,90	90
15	1500	150 000

c)

km²	ha	a
0,0006	0,06	6
0,04	4	400
0,0075	0,75	75

S. 32

1. a) $A_1 = 30\ m^2$
$A_2 = 8\ m^2$
$A_1 + A_2 = 38\ m^2$

b) $A_3 = 54\ m^2$
$A_4 = 16\ m^2$
$A_3 - A_4 = 38\ m^2$

2.

	(1)	(2)	(3)	(4)
a)	A = 400 cm²	A = 256 cm²	A = 6525 cm²	A = 243,75 cm²
b)	u = 100 cm	u = 88 cm	u = 450 cm	u = 80 cm

3. Flur: 22 m²; Bad: 12 m²; WC: 4 m²; Küche: 12 m²; Wohnen: 41 m²; Kind 1: 16 m²; Kind 2: 12 m²
Fliesen: 50 m²; Parkett: 41 m²; Teppichboden: 28 m²

S. 33

1. a) 96 cm^2
   b) 225 dm^2
   c) 144 m^2

2.

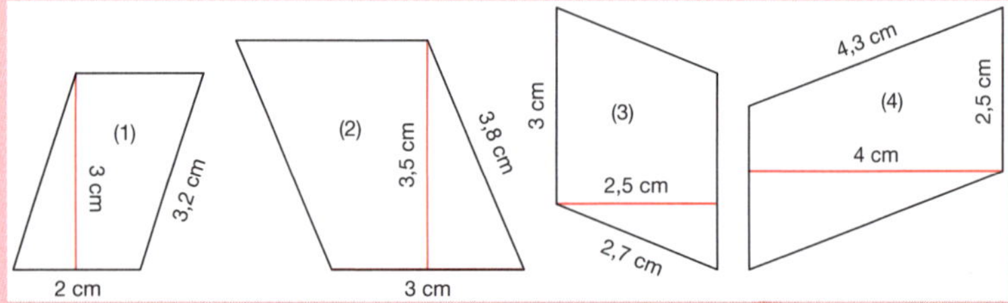

a)	A = 6 cm^2	A = 10,5 cm^2	A = 7,5 cm^2	A = 10 cm^2
b)	u = 10,4 cm	u = 13,6 cm	u = 11,4 cm	u = 13,6 cm

3. a) 9,1 m^2; b) 3,4 m^2; c) 700 cm^2; d) 0,9 dm; e) 24 m; f) 3,5 m; g) 40 cm

4. a) 24 cm^2 b) 48 cm^2 c) 48 cm^2 d) 24 cm^2 e) 12 cm^2 f) 24 cm^2
   b) Wenn a (1–2) / h (1–3) verdoppelt wird, verdoppelt sich A.
   Wenn a (1–5; 3–6) / h (2–4) halbiert wird, halbiert sich A.
   Wenn a halbiert und h verdoppelt wird (2–3; 1–6), bleibt A gleich.

S. 34

1. a) 27 cm^2
   b) 200 dm^2
   c) 26 m^2

2.

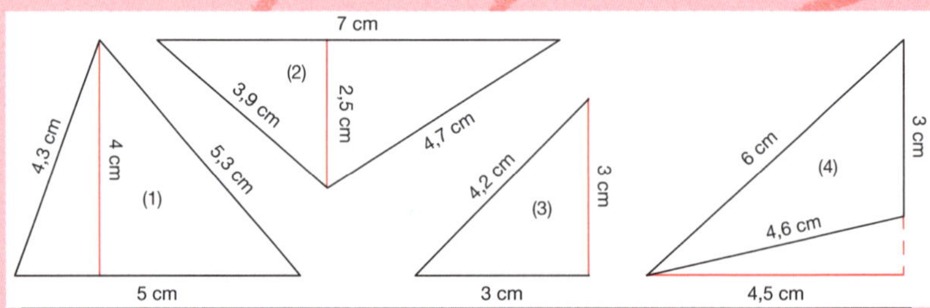

a)	A = 10 cm^2	A = 8,75 cm^2	A = 4,5 cm^2	A = 6,75 cm^2
b)	u = 14,6 cm	u = 15,6 cm	u = 10,2 cm	u = 13,6 cm

3. a) A = 18 cm^2 b) A = 36 dm^2 c) A = 375 cm^2 d) h = 6 cm e) h = 12 dm f) g = 12 cm g) g = 10 dm

4. a) Die Gesamtfläche des Giebels beträgt 3,6 m^2. b) Die Verglasung kostet 280,80 €.

S. 35

1. a) 68 cm^2
   b) 45 dm^2
   c) 20 m^2

2.

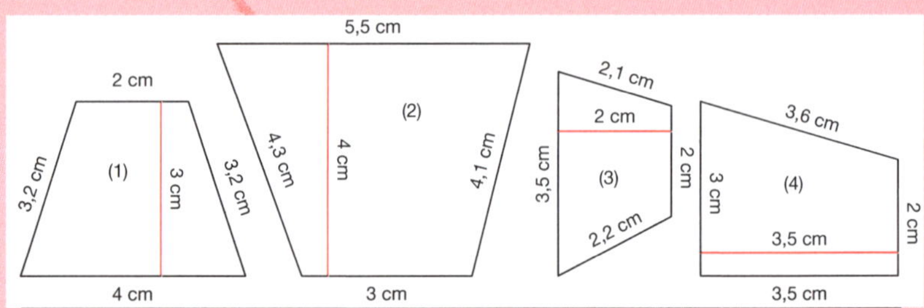

a)	A = 9 cm^2	A = 17 cm^2	A = 5,5 cm^2	A = 8,75 cm^2
b)	u = 12,4 cm	u = 16,9 cm	u = 9,8 cm	u = 12,1 cm

3. a) A = 165 cm^2 b) A = 21 dm^2 c) A = 0,35 m^2 d) h = 9 cm e) h = 0,9 m f) a = 6 m g) c = 8 cm

4. a) A = 0,4 m^2; Kosten: 46 € b) A = 0,38 m^2; Kosten: 43,70 €

S. 36

1.

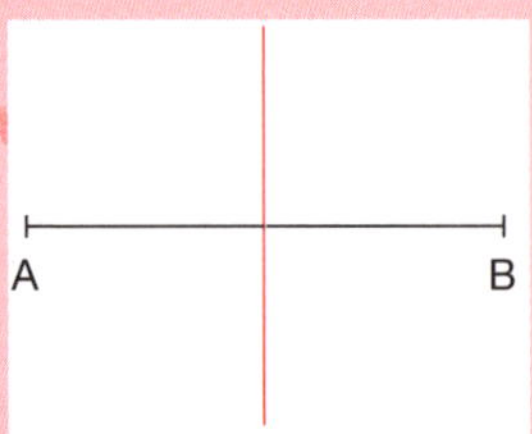

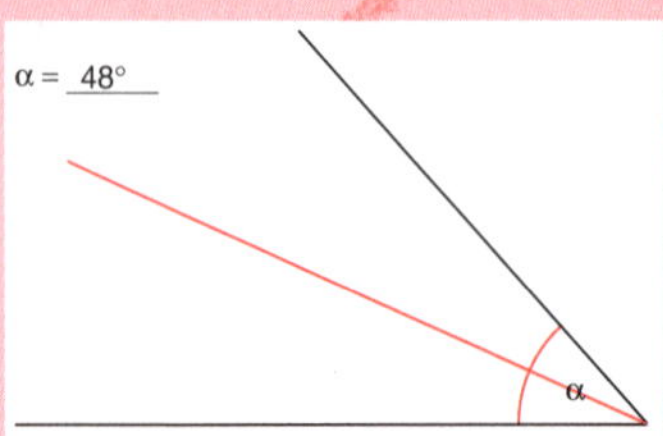

2. a)

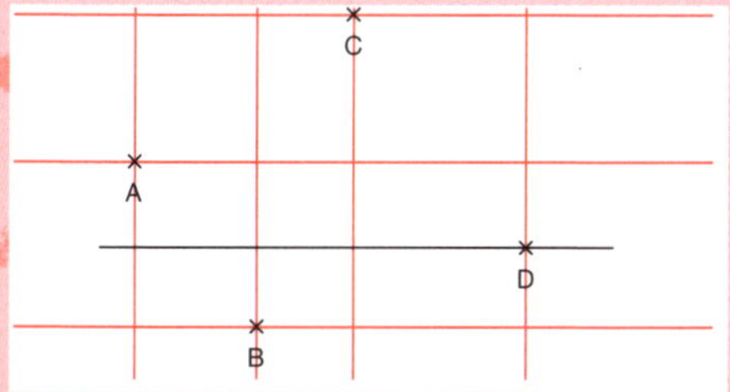

b)

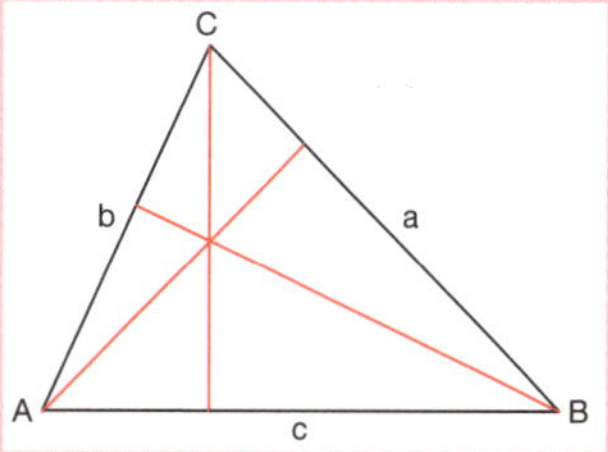

3.

	Winkel α	Winkel β	Winkel γ	Form
a)	34°	100°	46°	stumpfwinklig
b)	28°	62°	90°	rechtwinklig
c)	45°	45°	90°	gleichschenklig/rechtwinklig
d)	54°	54°	72°	gleichschenklig/spitzwinklig
e)	60°	60°	60°	gleichseitig
f)	134°	23°	23°	stumpfwinklig/gleichschenklig

4.

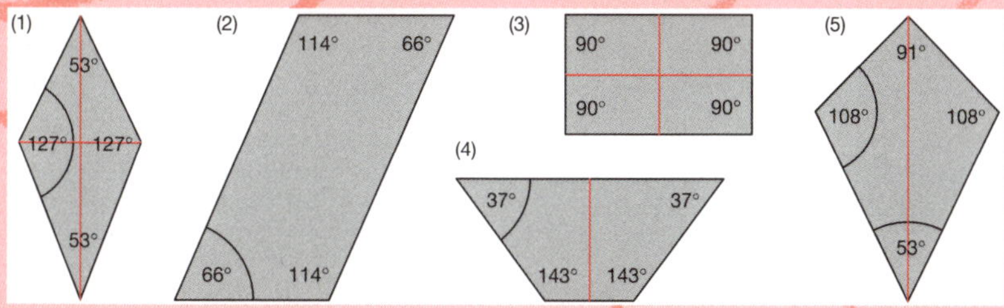

(1) Raute
(2) Parallelogramm
(3) Rechteck
(4) Trapez
(5) Drachen

S. 37

5.

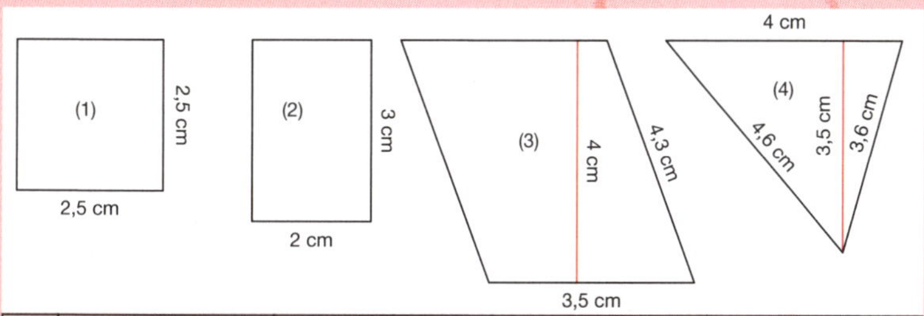

a)	A = 6,25 cm²	A = 6 cm²	A = 14 cm²	A = 7 cm²
b)	u = 10 cm	u = 10 cm	u = 15,6 cm	u = 12,2 cm

6. a) A = 120 cm²; u = 46 cm
b) b = 80 cm; A = 6400 cm²; u = 320 cm

7. a) A = 720 cm² = 7,2 dm²
b) A = 42 m² = 4200 dm²
c) A = 11 000 cm² = 1,1 m²

8. a) A = 208,25 cm²
b) A = 104 cm²

S. 38

1. -4 °C $\xrightarrow{+7°}$ +3 °C $\xrightarrow{-4°}$ -1 °C $\xrightarrow{-5°}$ -6 °C $\xrightarrow{+6°}$ 0 °C $\xrightarrow{+4°}$ +4 °C $\xrightarrow{-9°}$ -5 °C $\xrightarrow{+7°}$ +2 °C

2.

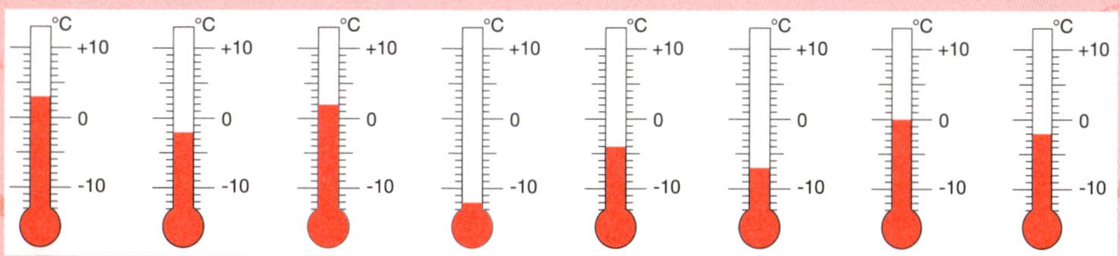

+3 °C $\xrightarrow{-5°}$ -2 °C $\xrightarrow{+4°}$ +2 °C $\xrightarrow{-14°}$ -12 °C $\xrightarrow{+8°}$ -4 °C $\xrightarrow{-3°}$ -7 °C $\xrightarrow{+7°}$ 0 °C $\xrightarrow{-2°}$ -2 °C

Lösungen

3. a)

Anfangstemperatur	Temperaturänderung	Endtemperatur
+5 °C	-7°	-2 °C
-4 °C	+10°	+6 °C
-3 °C	-6°	-9 °C
-11 °C	+11°	0 °C

b)

Anfangstemperatur	Temperaturänderung	Endtemperatur
+1 °C	-13°	-12 °C
-10 °C	+9°	-1 °C
+31 °C	-15°	+16 °C
-13 °C	-6°	-19 °C

4. $-30\,°C \xrightarrow{-10°} -40\,°C \xrightarrow{+51°} +11\,°C \xrightarrow{-91°} -80\,°C \xrightarrow{-9°} -89\,°C$

$-30\,°C \xrightarrow{+41°} +11\,°C$ $-30\,°C \xrightarrow{-50°} -80\,°C$ $-40\,°C \xrightarrow{-49°} -89\,°C$

S. 39

1. a)
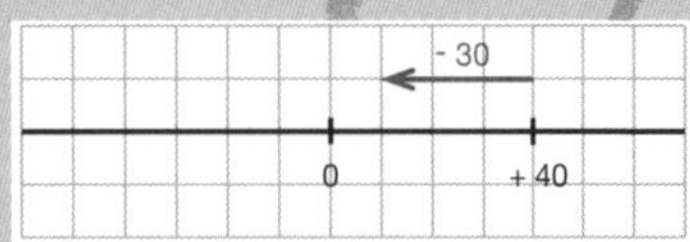

$+40\,€ \xrightarrow{-30\,€} +10\,€$

b)
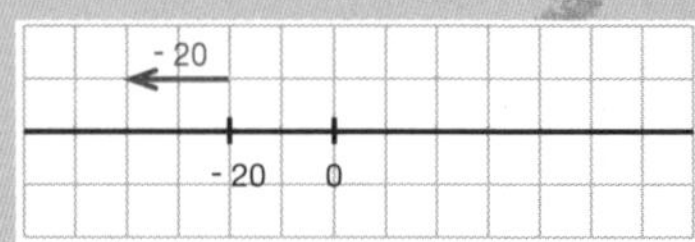

$-20\,€ \xrightarrow{-20\,€} -40\,€$

c)
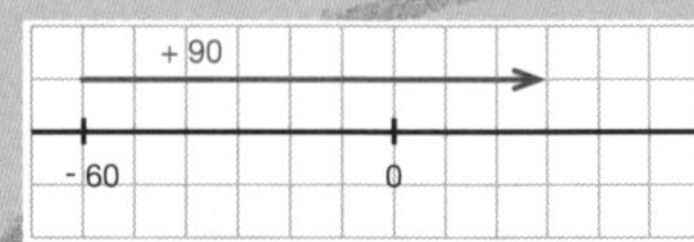

$-60\,€ \xrightarrow{+90\,€} +30\,€$

2. a) $+97\,€ \xrightarrow{-88\,€} +9\,€$ b) $-36\,€ \xrightarrow{-48\,€} -84\,€$ c) $+67\,€ \xrightarrow{-132\,€} -65\,€$ d) $-24\,€ \xrightarrow{+50\,€} +26\,€$

3.

Alter Kontostand	Gutschrift/ Lastschrift	Neuer Kontostand
+180 €	-120 €	+60 €
-490 €	+230 €	-260 €
-260 €	-260 €	-520 €

Alter Kontostand	Gutschrift/ Lastschrift	Neuer Kontostand
+250 €	+360 €	+610 €
-370 €	-150 €	-520 €
-380 €	+290 €	-90 €

4. a) 500 € als Gutschrift buchen. b) Sie hat 260 € Guthaben.

S. 40

1. a)
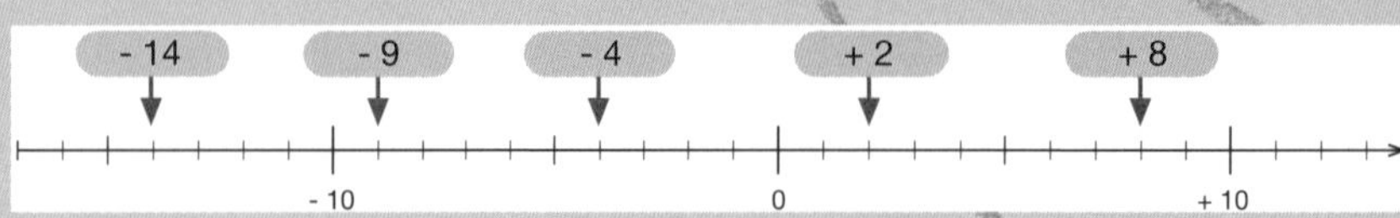

b)
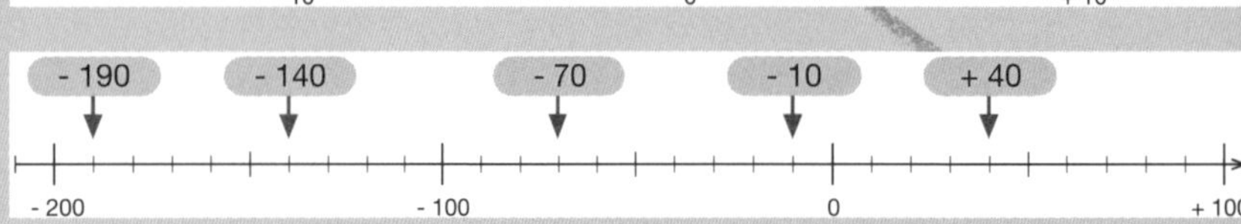

2.
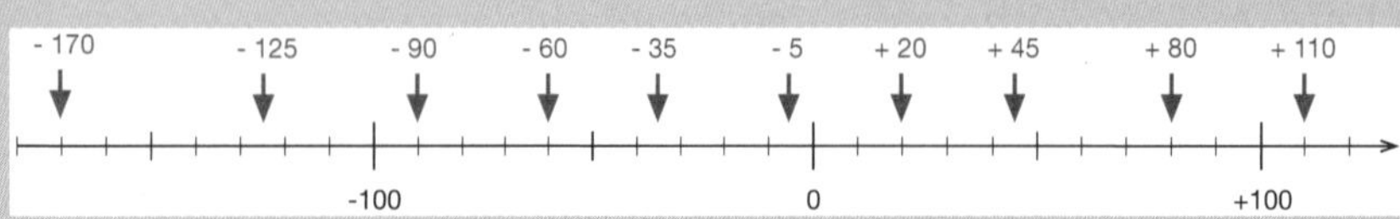

3. a) +3 > +1
+4 > -9
+15 < +51

b) -29 < +21
-7 < 0
+1001 < +1100

c) -3 > -30
-50 < -10
-99 > -100

d) +99 > -100
-541 < -501
-83 < +38

4. a) blau: +15; grün: -47 b) blau: +1009; grün: -9910 c) blau: -235; grün: -532

5. a) -19 < -8 < -5 < 0 < +1 < +13 < +17
b) -55 < -33 < -11 < +11 < +55 < +77
c) -201 < -120 < -100 < +102 < +210

6.
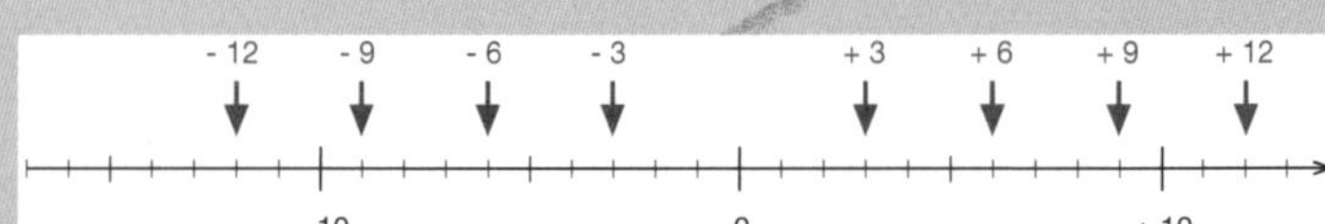

S. 41

1. a) -8 °C b) +8 °C c) 0 °C d) +5 °C e) +8 °C f) +6 °C

2. a) $+98\,€ \xrightarrow{-130\,€} -41\,€$ b) $-16\,€ \xrightarrow{-27\,€} -43\,€$

3. a) -942 € b) -65 € c) -118 € d) -633 € e) -350 € f) +661 €

4.
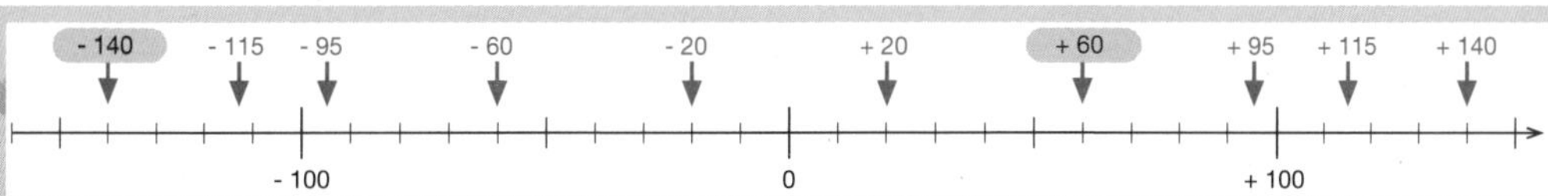

5. a) $-20 < +2$ b) $-65 < -56$ c) $-999 > -1000$ d) $-4 < 0$
$-2 < +20$ $+65 > +56$ $+1000 > +999$ $0 < +4$

6. a) $-606 < -600 < -60 < +6 < +66 < +6000$
b) $-111 < -110 < 0 < +10 < +11 < +101$

7. -478 € $\xrightarrow{-216\,€}$ -694 € $\xrightarrow{-329\,€}$ -1023 € $\xrightarrow{+2436}$ $+1413$ €
Ja, sie kann die Festkosten aufbringen.

S. 42

1.

x	12 · x − 7	9 · x + 4	4 · x + 9	5 · x + x
⚀	5	13	13	6
⚁	17	22	17	12
⚂	29	31	21	18
⚃	41	40	25	24
⚄	53	49	29	30
⚅	65	58	33	36

2.

	a)	b)	c)	d)	e)	f)
x	4 · x	3 · x + x	10 · x − 6 · x	15 · x + 13	12 · x + 3 · x	150 − 15 · x
0	0	0	0	13	0	150
1	4	4	4	28	15	135
2	8	8	8	43	30	120
3	12	12	12	58	45	105
5	20	20	20	88	75	75
10	40	40	40	163	150	0

3. a) $s + r + s + r + r + r + s + s$
$= 4 \cdot r + 4 \cdot s$
b) $r + s + s + s + s + r + s + s + r + s + s + r + r$
$= 5 \cdot r + 8 \cdot s$
c) $r + s + s + r + r + s + s + r$
$= 4 \cdot r + 4 \cdot s$

4. a) $10 \cdot x$ b) $2 \cdot a$ c) $3 \cdot y$ d) $5 \cdot x + 4 \cdot y$ e) $6 \cdot x + 3 \cdot y$ f) $6 \cdot z + 10$ g) $3 + 3 \cdot a$

S. 43

1. a) $5 + x = 9$; $x = 4$ b) $10 = x + 4$; $6 = x$ c) $2 \cdot x = 10$; $x = 5$ d) $4 = 4 \cdot x$; $1 = x$ e) $1 + 3 \cdot x = 7$; $x = 2$ f) $11 = 2 \cdot x + 5$; $3 = x$

2. a) $x = 75$ b) $522 = x$ c) $x = 177{,}3$
d) $x = 520$ e) $132 = x$ f) $x = 10{,}5$
g) $5 \cdot x = 15$; $x = 3$ h) $344 = 8 \cdot x$; $43 = x$ i) $x : 2 = 76$; $x = 152$

3. a) $x = 4$ b) $3 = y$ c) $x = 5$

4. aC; bA; cD; dB

S. 44

1. $x = 2$; *Probe:* $8 \cdot 2 - 6 = 10$; *Ergebnis:* Die gedachte Zahl heißt 2.

2. a) $x - 24 = 19$; $x = 43$ b) $x : 15 = 14$; $x = 210$
c) $7 \cdot x + 24 = 52$; $x = 4$ d) $x : 3 - 4{,}5 = 1$; $x = 16{,}5$

3. Ae: $x = 99$ Bb: $x = 7$ Cc: $x = 4$ Da: $x = 15$

S. 45

1. $2 \cdot x + 58 = 168$; $x = 55$
2. $18 \cdot x + 38 = 308$; $x = 15$
3. $28 \cdot x + 3 = 59$; $x = 2$
4. $63{,}80 + 3 \cdot x = 101$; $x = 12{,}40$

S. 46

1.

	a) 100 – y	b) 12 · z – 10	c) 3 · b + 7 · b
2	98	14	20
3	97	26	30
4	96	38	40
6	94	62	60

2. a) $9 \cdot x$ b) $11 \cdot y$
c) $6 \cdot a + 3$ d) $5 \cdot a$

3. a) $x = 66$ *Probe:* $147 + 66 = 213$
b) $455 = z$ *Probe:* $369 = 455 - 86$
c) $y = 0{,}7$ *Probe:* $12 \cdot 0{,}7 = 8{,}4$

4. a) $x = 9$ *Probe:* $15 \cdot 9 + 72 = 207$ b) $y = 111$ *Probe:* $111 : 3 - 19 = 18$ c) $z = 3{,}7$ *Probe:* $5 \cdot 3{,}7 + 1{,}8 = 20{,}3$

5. $7 \cdot x - 23 = 68$; $x = 13$ Die gedachte Zahl heißt 13. 6. $2{,}25 + 8 \cdot x = 5{,}05$ $x = 0{,}35$ Ein Brötchen kostet 0,35 €.

S. 47

1. a) A 6 B 12 C 13 D 14 E 11 b) A 6 B 12 C 3 D 10 E 7 c) A 21 B 52 C 51 D 50 E 16

2. a) 672 cm^3 b) 275 cm^3 c) 216 cm^3 d) 630 cm^3

3. a) 125 cm^3 b) 360 dm^3 c) 300 dm^3 d) 70 m^3 e) 3 dm f) 5 cm g) 10 m h) 4 cm

S. 48

1.

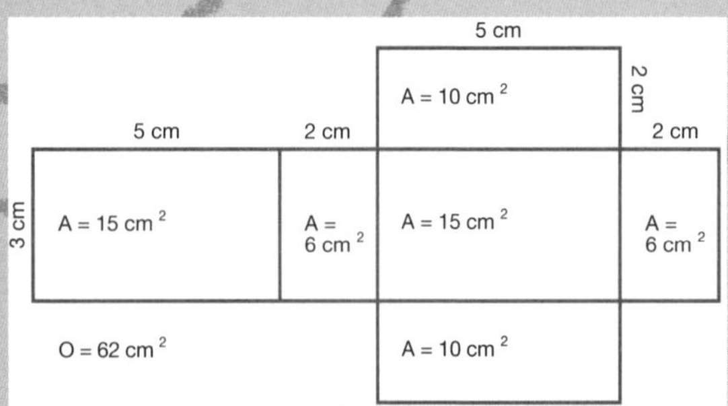

2. 2350 cm^2

3. a) 96 dm^3
b) 230 cm^2
c) 182 cm^2
d) 172 m^2
e) 48 dm^2

4. a) 294 cm^2
b) 486 dm^2
c) 3750 mm^2
d) 60 000 cm^2
e) 1,5 m^2
f) 37,5 dm^2

S. 49

1. Würfel → 1 cm^3;
Haus → 1000 m^3;
1 *l* Milch → 1 dm^3;
Stecknadel → 1 mm^3;
Schrank → 1 m^3

2. a)

95 dm^3 = 95 000 cm^3
7 m^3 = 7000 dm^3
4000 cm^3 = 4 dm^3
12 000 cm^3 = 0,012 m^3

b)

8 cm^3 = 8000 mm^3
36 dm^3 = 36 000 cm^3
300 m^3 = 300 000 dm^3
0,500 cm^3 = 500 mm^3

c)

6000 mm^3 = 6 cm^3
13 000 cm^3 = 13 dm^3
7500 dm^3 = 7,5 m^3
250 mm^3 = 0,250 cm^3

3. Zahnpastatube → 75 ml;
Aquarium → 1 hl;
Saftflasche → 1 *l*;
Kühlbox → 20 *l*;
Tasse → 125 ml

4. a)

3,6 *l* = 3600 ml
$\frac{3}{4}$ *l* = 750 ml
4500 ml = 4,500 *l*
250 ml = 0,250 *l*

b)

5,2 hl = 520 *l*
$\frac{1}{2}$ hl = 50 *l*
650 *l* = 6,50 hl
75 *l* = 0,75 hl

c)

$\frac{3}{4}$ m^3 = 750 *l*
200 cm^3 = 0,200 *l*
3 m^3 = 30 hl
85 000 cm^3 = 0,85 hl

5. 7 *l* 300 ml = 0,073 hl; 5 hl 8 *l* = 508 *l*; 7,034 dm^3 = 7 dm^3 34 cm^3;
910 dm^3 = 9,1 hl; 9010 dm^3 = 9 m^3 10 dm^3; 5 *l* 80 ml = 5080 ml

6. 20 050 mm^3 < 2005 cm^3 < 2,5 *l* < 25 *l* 2 ml < 225 dm^3 < 20 hl 50 *l* < $2\frac{1}{2}$ m^3 < 20 500 *l* < 22 050 dm^3 < 250 hl

S. 50

1. a) 12 dm^3 + 98 cm^3 = 12098 cm^3
1 m^3 + 20 dm^3 = 1020 dm^3
12 cm^3 + 8000 mm^3 = 20 000 mm^3
13 cm^3 – 980 mm^3 = 12 020 mm^3
22 cm^3 – 1800 mm^3 = 20 200 mm^3
2 dm^3 – 2 cm^3 = 1998 cm^3

b) 598 ml + $\frac{1}{4}$ *l* = 848 ml
31 *l* + 55 000 ml = 86 *l*
89 *l* + 7 hl 67 *l* = 856 *l*
1 hl – 16 *l* = 84 *l*
$1\frac{1}{2}$ *l* – 616 ml = 884 ml
20 hl – 1188 *l* = 812 *l*

2. 947 cm^3;
875 ml;
990,8 dm^3;
88 *l*;
999 mm^3;
973 mm^3

3. Kleinwagen: 266 cm^3 Hubraum eines Zylinders
Mittelklassewagen: 4 Zylinder
Turbodiesel: 2,435 *l* Hubraum
Luxuslimousine: 5379 cm^3 Hubraum
Sportwagen: 6 Zylinder

4. a) Das wären 2000 $\frac{1}{4}$-*l*-Flaschen.
b) Für 500 *l* braucht man 84 Kisten ($83\frac{1}{3}$).
c) Der Tagesbedarf von 84 Kisten nimmt 2016 dm^3 ein.
d) Für 480 m^3 müssten drei Klassenräume vorgesehen werden.